世界闻
80 神奇海洋生物

SHIJIE WENMING DE
80 SHENQI HAIYANG SHENGWU

武鹏程

编著

TUSHUO HAIYANG

图说海洋

世界之大，无奇不有
世界之奇，尽在海洋

海洋出版社

北京

图书在版编目(CIP)数据

世界闻名的80神奇海洋生物 / 武鹏程编著. —北京：

海洋出版社，2025.1. — ISBN 978–7–5210–1397–9

Ⅰ. Q178.53–49

中国国家版本馆CIP数据核字第202477MU17号

图 说 海 洋

世界闻名的
80神奇海洋生物
SHIJIE WENMING DE
80 SHENQI HAIYANG SHENGWU

总 策 划：刘 斌

责任编辑：刘 斌

责任印制：安 淼

排　　版：海洋计算机图书输出中心　晓阳

出版发行：海洋出版社

地　　址：北京市海淀区大慧寺路8号

　　　　　100081

经　　销：新华书店

发 行 部：(010) 62100090

总 编 室：（010）62100034

网　　址：www.oceanpress.com.cn

承　　印：侨友印刷（河北）有限公司

版　　次：2025年1月第1版

　　　　　2025年1月第1次印刷

开　　本：787mm×1092mm　　1/16

印　　张：10

字　　数：180千字

定　　价：59.00元

本书如有印、装质量问题可与发行部调换

海洋是孕育生命的重要场所，无论是生活在海洋表面的浮游生物，还是深藏水下几千米的微小细胞，它们和人类有着共同的家园。在人类欣赏着美丽的海洋风光，享受着富饶的海洋资源时，依然对其所知甚少。

海洋中的生命可谓光怪陆离。有体型巨大但性情温顺的蓝鲸；有凶猛残暴的博比克虫；有低等的单细胞生物；也有聪明的海豚、神奇的海蛞蝓。从过去到现在，海洋中不知有多少不为人知的生物；从现在到未来，海洋能为人类带来无数令人难以置信的可能。不管我们在海洋中邂逅了多少种神奇的海洋生物，都是探索未知而收获的馈赠。

本书神奇的海洋生物为主题，通过精美的图片，带领大家了解这些海洋生物的知识。虽然编者竭尽所能，但依然无法完全描述海洋生物的复杂与奇特，更多不可知、无法描述的神奇等待人们进一步的探索。

目 录

动物篇

植物篇

珊瑚篇 >:>:>

Animal Articles

1 动物篇

变色高手

石斑鱼 ∷∷∷

石斑鱼主要生活在海边石头缝隙中，有"海中鲤鱼"之称。由于其肉质肥美鲜嫩，营养丰富，被人们奉为上等佳肴，逢年过节都能在餐桌上看到。

[石斑鱼]

在国际自然保护联盟的"濒危物种红色名录"上，在163种石斑鱼类中有20种面临灭绝，另有5种属濒危水平。

别　　名：石斑、鲙鱼，我国沿海称之为黑猫鱼

分布海域：我国东海、南海等海域，也见于印度洋和日本海
∷∷

石斑鱼体呈椭圆形，头大侧扁，吻短而钝圆，口大。石斑鱼体披细小栉鳞，背鳍和尾鳍发达，体色可随环境变化而改变，成鱼体长通常在20～30厘米。

石斑鱼身上有赤褐色的六角形斑点，中间间隔灰白色或网状的青色斑纹。当它隐藏在珊瑚礁中时，赤色的斑点跟红珊瑚几乎一样。但随着环境的不断变化，它们身上的颜色又能很快地从红色变成褐色、黑色变成白色，及黄色变成绯色。石斑鱼还能同时把很多的点、斑、纹、线的颜色一起变得深些或浅些，如同变色龙一样在海底

不断地变化着它的色彩。

高傲喜暖的独行者

石斑鱼多栖息于热带及温带海洋，喜欢生活在沿岸岛屿附近的岩礁、砂砾、珊瑚礁底质的海区，一般不成群，更常见的是独来独往，十分有个性。石斑鱼栖息水层随水温变化而升降，因此也随着四季变化搬家，最适水温为 22 ～ 28℃。

石斑鱼为肉食性凶猛鱼类，以突袭方式捕食底栖甲壳类、各种小型鱼类和头足类。石斑鱼喜静怕浪，喜暖怕冷，喜清怕浊。个体较小的石斑鱼相对好动，活跃在浅水域；个体较大的喜静卧，深居简出，经常待在洞穴或深水域中。

独特的繁衍方式

石斑鱼为雌雄同体，具有性别转换特征。首次性成熟时都是雌性，次年再转换成雄性，因此，雄性明显少于雌性。不同种类的石斑鱼产卵周期不同，如鲑点石斑鱼是属于分批产卵类型，在同一个卵巢中具有不同时期的卵母细胞，其发育是非同步性的，在一个繁殖周期内，卵子能分批成熟产出；赤点石斑鱼是属于一次产卵类型，但在生殖季节，个体的性成熟和生殖则有先后之分，先成熟的个体早生殖，后成熟的个体晚生殖。

四大家族群

石斑鱼可分为很多种类，分别是点带石斑鱼、赤点石斑鱼、青石斑鱼以及斜带石斑鱼四大类。不同种类的石斑鱼拥有各自独特的外在特征、饮食偏好以及适宜栖息的环境。

点带石斑鱼的吻短钝，基底无黑斑，体侧及各鳍上分散着斑点；点带石斑鱼性情凶猛，以肉食为主，喜食鱼、虾、蟹，饥饿时会自相残杀。

[我国展出的石斑鱼王标本]
2004 年时，有商家在湛江澎湖湾抓到一条长 2.35 米、重达 313 千克的石斑鱼，堪称石斑鱼王。商家后来将该鱼捐给上海科技馆做标本。

淡水石斑鱼是原产于中美洲尼加拉瓜的慈鲷科鱼类。1988 年引入我国台湾，是我国台湾南部地区普遍的淡水养殖品种。1996 年广东、江西一些养殖单位从我国台湾引进。近年来，淡水石斑鱼养殖技术的研究已引起国内水产工作者的重视，淡水石斑鱼的养殖规模也越来越大，成为一种淡水养殖新品种。

[点带石斑鱼]

[赤点石斑鱼]

[青石斑鱼]

赤点石斑鱼背鳍基底有个黑斑，体侧为棕褐色，头、体、奇鳍有许多橙黄色斑。成鱼喜好摄食鱼、虾、蟹。

青石斑鱼体下部有若干橙红色斑点，体侧有深褐色垂直条纹，仅尾鳍有斑点。仔稚鱼摄食浮游生物，成鱼摄食鱼、虾、蟹。

斜带石斑鱼的头和身体的背部呈棕褐色，腹部底纹呈白色；无数橙褐色或是红褐色的小点分布于头、身体和鳍条的中部；斜带石斑鱼常栖息于大陆沿岸和大岛屿。

营养美容护肤之鱼

石斑鱼的蛋白质含量高，脂肪含量低，除含人体代谢所必需的氨基酸外，还富含多种无机盐和铁、钙、磷以及各种维生素。鱼皮胶质的营养成分对增强上皮组织的完整生长和促进胶原细胞的合成有重要作用，被称为美容护肤之鱼。尤其适合妇女产后食用。石斑鱼营养价值很高，是一种低脂肪、高蛋白的上等食用鱼，被我国港澳地区推为中国四大名鱼之一。石斑鱼具有健脾、益气的药用价值。因为石斑鱼经常捕食鱼、虾、蟹，会摄取虾、蟹所富含的虾青素，对人类来说，石斑鱼就成为含虾青素的食物。

[本土石斑鱼]

在我国西部的岷江水系、长江支流等河流也有一种本土石斑鱼，体型相对较小，成年体长 18～25 厘米，体重 100～250 克，其常年生活在淡水中，以啃食附着在石壁上的浮游生物和昆虫水生幼虫为食而得名。其生长速度较慢，但是耐低氧、抗病力强，而且外形美观、肉质鲜美、营养丰富，既可以作为商品鱼，又可以作为观赏鱼种。

"爱耍流氓"的石斑鱼

由于石斑鱼大都生活在浅水域，跟喜爱垂钓以及潜水的人们发生了众多趣事，为人们津津乐道。曾有一名美国摄影师在佛罗里达州博茵顿海滩潜水时，近距离接触到一条龙胆石斑鱼，这条鱼有幸跟美女进行嘴对嘴亲吻，广大网友纷纷点评其为"流氓鱼"，十分有趣。

来自美国的山姆与同伴们曾在出海时捕获一条重达 300 磅（约 136 千克）的巨大石斑鱼，合影留念后将其放生。最有趣的是有一名垂钓者曾在海中钓到一条极其巨大的石斑鱼，他正喜出望外地按住其头部时，石斑鱼突然用力反击，用其尾部狠狠地打了该垂钓者一"巴掌"。

如此可爱又具有脾性的石斑鱼，怎么能不好好了解一番呢？

[龙趸]

龙趸(lóng dǔn)，学名中巨石斑鱼，别名猪羔斑，为暖水性海洋底层鱼类，它呈长椭圆形，侧扁，口较大，鱼头部、体侧及各鳍均散布着很多青黑色斑点，为大型名贵食用鱼类。据记载，1999 年 7 月，我国香港地区渔民在东沙群岛曾活擒一条母龙趸，体重 180 千克，曾被视为龙趸王。2014 年 1 月 5 日夜，有马来西亚渔民以拖网方式捕获一条重达 200 千克的野生龙趸，并以 1.1 万令吉（合 1.73 万人民币）的高价卖给一家华人食肆东主。

2006 年时曾有报道，福州市左海公园海底世界从海南购进的三条白鳍鲨，有一条 1 米长的白鳍鲨被一条巨石斑鱼生生吞吃了。见到该鱼时，它满脸凶相，嘴边还剩下那条被生吞下的白鳍鲨的尾鳍，而其他鱼儿们早就吓得不见了踪影。

头顶钓竿

琵琶鱼

琵琶鱼长相较为奇特，头顶上的鳍神似钓鱼竿。在捕捉猎物的时候，琵琶鱼以头顶上的鳍棘作为钓鱼竿，前端有皮肤皱褶伸出去，看起来很像鱼饵。利用此饵状物摇晃，引诱猎物，待猎物接近时，琵琶鱼便突然猛咬捕捉，再大口一口吞下去。

别　　名：鲛鱇、结巴鱼、哈蟆鱼、海哈蟆等

分布海域：热带和亚热带浅海水域，主要栖息于近海砂泥底质海域，如大西洋、太平洋和印度洋

[琵琶鱼]

琵琶鱼的胃大而有弹性，某些种类的琵琶鱼能吃下比自己大的鱼类。

琵琶鱼的身体前半部平扁，呈圆盘形，尾部为柱形，生活在温带的海底下，常静伏于海底或缓慢活动，主要以各种小型鱼类或幼鱼为食，也吃各种无脊椎动物和海鸟。琵琶鱼的胃口很大，嘴巴里长着两排坚硬的牙齿，由于在深海中不大能遇到猎物，遇到比自己大的食物也都尽量吞下。琵琶鱼锐利的牙齿是向里边的，一旦捕到猎物，就不会让其逃脱。它的胃中常充满着鲨鱼等大型鱼类的骸骨。鳍的前三枚鳍棘在头顶前方分离，呈丝态，其末端有一根发光的皮瓣。当小鱼在闪光点附近游动时，琵琶鱼就摇动它的钓具，引鱼上钩，送入口内。

琵琶鱼的生存绝招还在于它身上的斑点、条纹和饰穗，俨然一副红海藻的模样，尤其是身披饰穗的琵琶鱼，更擅长潜伏捕食和逃避天敌追杀。生物学上把这个小灯笼称为拟饵。这个小灯笼是由琵琶鱼的第一背鳍逐渐向

上延伸形成的。它的前段好像钓竿一样，末端膨大形成"诱饵"。小灯笼之所以会发光，是因为在灯笼内具有腺细胞，能够分泌光素，光素在光素酶的催化下，与氧作用进行缓慢的化学氧化而发光。

深海中有很多鱼都有趋光性，于是小灯笼就成了琵琶鱼引诱食物的有力武器，但有的时候也会给它惹来麻烦。闪烁的小灯笼不仅可以引来小鱼，还可能吸引来敌人。当遇到一些凶猛的鱼类时，琵琶鱼就不敢和它们正面作战了，它会迅速地把自己的小灯笼塞回嘴里，海洋中顿时一片黑暗，琵琶鱼趁着黑暗转身就逃。冲着琵琶鱼来的大鱼在黑暗中无所适从，只得悻悻离去。

琵琶鱼胸鳍很发达，可以像脚一样在海底移动。

海底人间极品

琵琶鱼的鱼肉富含维生素 A 和维生素 C。其尾部肌肉可供鲜食或加工制作鱼松等，其鱼肚、鱼籽均是高营养食品，皮可制胶，肝可提取鱼肝油，鱼骨是加工明骨鱼粉的原料，富含钙、磷、铁等多种微量元素，营养价值还是比较高的。经常食用琵琶鱼的肝，有助于保护视力、预防肝疾病发生。

琵琶鱼的肉质紧密，如同龙虾般，结实不松散，纤维弹性十足，鲜美更胜一般鱼肉，胶原蛋白十分丰富。在欧洲，普通琵琶鱼是一种重要的食用鱼。在日本关东，琵琶鱼被喻为人间极品，日本人喜爱吃琵琶鱼火锅，尤其是在冬天。除了火锅外，日本人还会以琵琶鱼肝做寿司，而琵琶鱼肝更有海底鹅肝之称，据称有清热解毒的美肤功能，一般食法为蒸或者是刺身。在我国东南沿海的福建等地琵琶鱼也被作为食用鱼类。

困扰科学家多年的琵琶鱼之谜

多年来，科学家一直无法理解为何只发现雌性琵琶鱼。更为怪异的是，所有雌鱼的两侧都长有怪异的肿块。

据说在日本，鮟鱇是与河豚齐名的神物，有"关东鮟鱇，关西河豚"之说。究其原因，一来是它们可食用的时间短暂、有限，二来，它俩的味道都是奇鲜。吃河豚通常是在"竹外桃花三两枝"的春季，而鮟鱇只在每年 11 月中旬到次年 2 月初才游到海面觅食，很难捕捞。体长 1.2 以上的大型鮟鱇价格昂贵，据说 1 磅肉能卖上百美元。所以，在日本，冬季吃一次鮟鱇，算是很奢侈的事。

[会走路的琵琶鱼]

这种被命名为"Chaunacops coloratus"的活体琵琶鱼于 2002 年在一座海底死火山附近发现。当时，发现有 6 条以上的 Chaunacops coloratus 能够在海底"行走"，它们经常变换身体颜色，生活在海面以下 3353 米处。

琵琶鱼在有些地区被称为老人鱼，因其叫声与老人咳嗽极其相似，故而得此名字。

科学家曾发现身上带有 8 团睾丸的雌性琵琶鱼。对于那些没有找到雌鱼的雄鱼，它们会采取另一种方式，那就是变性为雌鱼，等待雄性出现。

经过研究，研究人员发现这些肿块是寄生雄性琵琶鱼的遗骸。

雄性琵琶鱼体型很小，在长到足以进行交配的时候会失去消化系统。相比之下，雌鱼的体型达到雄鱼的 50 倍。为了生存，雄性琵琶鱼必须找到一条雌鱼并寄生在雌鱼的身体上。它们会咬住雌鱼，释放一种酶，溶解其皮肤组织，进而与雌鱼结合在一起。通过这种方式，雄鱼的精液进入雌鱼的体内，同时获取雌鱼的营养。不过，雄鱼会很快走向死亡，只留下一团睾丸，随时准备在雌鱼排卵时让卵受精。

雄性琵琶鱼生长在黑暗的大海深处，行动缓慢，体型比雌性小得多，又不合群生活，在辽阔的海洋中雄鱼很难找到雌鱼，一旦遇到雌鱼，它就咬破雌鱼的腹部组织，钻入其皮下，终身相附至死，雄鱼一生的营养也由雌鱼供给。久而久之，琵琶鱼就形成了这种绝无仅有的配偶关系。

幼鱼不论雌雄都在海水表面发育，以浮游生物为食，

[长头梦想家]
这条被称为"长头梦想家"的琵琶鱼是在格陵兰岛附近海域发现的奇怪物种，它看起来就好像是来自科幻电影中的外星动物，长相相当恐怖。事实上，这种鱼并不像它看起来那样恐怖，它其实只有 17 厘米长。

所以幼鱼还没有"钓竿"结构。等到发育至一定程度，雄鱼就会选择一条合适的雌鱼，咬破雌鱼腹部的组织并贴附在上面。而雌鱼的组织生长迅速，很快就可包裹住雄鱼。最后，雌鱼带着寄生在自己体内的雄鱼一齐沉入海底，开始它们的"二鱼世界"的底栖生活。

据位于哥本哈根的丹麦自然历史博物馆生物学家彼德·穆勒介绍，这种鱼是在格陵兰岛附近海域首次发现的 38 个新物种之一。在这 38 个新物种中，有 10 种在科学上是首次发现。所有 38 个新物种都是在自 1992 年开始的一项科考研究中发现的。

海洋的萤火虫
萤火鱿

有这样一群生物，在它们生命的最后一刻，依然会绽放光芒，带着浪漫勾勒出绝美的荧光海色。这样一群可爱的生物就是萤火鱿，顾名思义是会发光的鱿鱼。

萤火鱿栖息在海洋中层带，是典型的昼夜垂直洄游生物，它们白天栖息在 360 米深处，晚上回到浅层寻找食物，它们可算作深海生物，因此也有着深海生物的特点——可以发光。萤火鱿的发光器长在触手尖端，它们用这些光的明暗闪烁来吸引猎物，然后用强有力的触手抓住猎物。

别　　名：无
分布海域：西太平洋

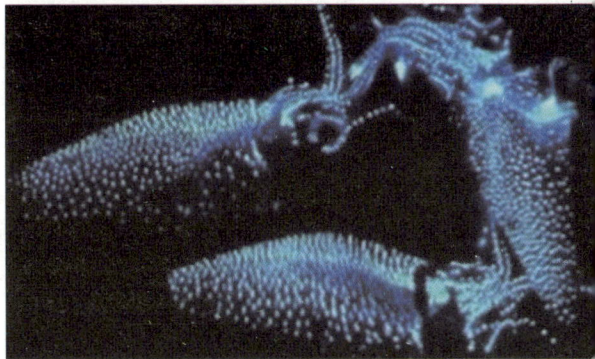

萤火鱿能够用整个身体发光，它们的身体覆盖着微小的发光器，可以协调一致地发光，或者交替发光并构成无穷无尽的图案。这些发光生物的共同点是发出蓝色和绿色的光线，因为只有微弱的蓝光和绿光可以在海里传得比较远，而红光在海里的传播距离很近而且难以反射，看起来就和黑色差不多，这就解释了为什么许多深海的鱼是红色，因为红色在那里等于黑色。

每年 3—6 月，日本富士山湾总是游人如织，只为观赏夜晚发出荧光的海面。科学家们发现，富士山湾靠岸处有一个 V 字形海谷，时常会有自上而下的涌升流将萤火鱿推到岸边，这些浩浩荡荡的萤火鱿会聚集在此产卵。因此，到了夜晚这里会有成百上千万的萤火鱿一齐发光，照亮整个海岸，一眼望去就像人间仙境。

在泛着蓝光的海面下，产卵结束后的萤火鱿终会慢慢逝去。

[会发光的鱿鱼]

萤火鱿通常只有 7 厘米长，具有复杂的表皮发光器和眼球发光器，其主要位于外套膜、头、眼、腕等部位，尤其以眼部和下腹空腔部最明亮，它是靠自身合成的放射性复合物，在氧气、镁离子和荧光酶的参与下发出冷光。

海洋电棒

电鳐

电鳐因其能自动放电而闻名。电鳐的放电特性启发人们发明和创造了能贮存电的干电池。在干电池正负极间的糊状填充物，就是受电鳐放电器官里的胶状物启发而改进的。

别　　名： 被称为活的发电机、活电池、电鱼

分布海域： 近海底栖鱼，分布于太平洋、印度洋和大西洋西部各沿岸海区、中国南海

1989 年，在法国科学城举办了一次饶有趣味的"时钟"回顾展览，一座用带电鱼放出的电来驱动的时钟，引起了人们极大的兴趣。这种带电鱼放电十分有规律，电流的方向一分钟变换一次，因而被人称为"天然报时钟"，这种鱼就是电鳐。

电鳐的体型较小，一眼看去很像小提琴。它的背腹扁平，头和胸部在一起。尾部呈粗棒状，像团扇。电鳐栖居在海底，它的一对小眼长在背侧面前方的中间。电鳐又称为活的"发电机"，在它的头胸部的腹面两侧各有一个肾脏形蜂窝状的"发电器"。它尾部两侧的肌肉，是由有规则地排列着的 6000 ～ 10 000 枚肌肉薄片组成，薄片之间有结缔组织相隔，并有许多神经直通中枢神经系统。每枚肌肉薄片像一个小电池，只能产生 150 毫伏

电鳐利用平时存在于细胞膜内的离子泵，使用三磷酸腺苷（ATP）能量产生细胞内外离子差（电位差）。同时神经纤维末端释放出神经传达物质乙酰胆碱，刺激细胞膜内的离子通道，细胞外部的钠离子立刻流入细胞内产生电流。发电器官的细胞膜聚集了众多离子泵和离子通道，增加了电流密度。细胞的直列积蓄层产生高输出发电。

[电瑶]

电鳐是软骨鱼纲电鳐目鱼类的统称。最大的个体可以达到 2 米长，很少在 0.3 米以下。

的电压，但近万个"小电池"串联起来，就可以产生很高的电压。电鳐尾部发出的电流会流向头部的感受器，因此在它身体周围形成一个弱电场。

电鳐中枢神经系统中有专门的细胞来监视电感受器的活动，并能根据监视分析的结果指挥电鳐的行为，决定采取捕食、避让或其他行为。有人做过这么一个实验：在水池中放置两根垂直的导线，然后放入电鳐，并将水池放在黑暗的环境里，结果发现电鳐总在导线中间穿梭，一点儿也不会碰导线；当导线通电后，电鳐一下子就往后跑了。这说明电鳐是靠"电感"来判断周围环境的。

电鳐放完体内蓄存的电能后，要经过一段时间的积聚才能继续放电。由此，巴西人在捕获电鳐时，总是先把家畜赶到河里，引诱电鳐放电，或者用拖网拖，让电鳐在网上放电，之后再轻而易举地捕杀失去反击能力的电鳐。

世界上已知的放电鱼类有数十种，其他会放电的鱼类还有电鲇、电鳗等。

[单鳍电鳐科]
产自大西洋的 2 种电鳐的放电器官占体重的 1/6，发电的电位低者 8～17 伏，高者达 220 伏，足够麻痹一个成人。

[无鳍电鳐科]

随意放电的海底鱼

电鳐见于世界热、温带水域。种类多，多栖于浅水，但深海电鳐可生活于 1000 米以下的深水。它的活动缓慢，底栖，以鱼类及无脊椎动物为食。电鳐能随意放电，它能够自己掌握放电时间和强度。可以通过发出的电流击毙水中的小鱼、虾及其他的小动物，这是它的一种捕食和打击敌害的手段。

鳐和鲨有很近的亲缘关系，区别在于它们的体型、鳃和吻的位置不同。
鳐因为具有强壮而扁平的身体，有时它们被称作扁鲨；胸鳍异常地宽大，一直延伸到头部。如果检验一下它们的骨骼，除了巨大的扇形鳍结构，它们和鲨鱼像极了。

酷似小提琴的外在身形

电鳐身体柔软，皮肤光滑，头与胸鳍形成

[电鲇]

非洲河流里有一种电鲇，它产生的放电电压高达350伏，可以击死小鱼，也可将人畜击昏。

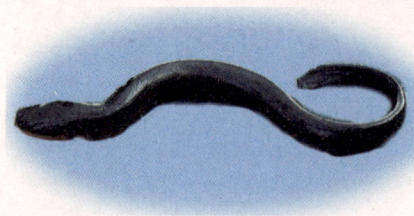

[电鳗]

中美洲的电鳗是电鱼中放电电压最高的，一般为500伏左右，最高可达886伏，如此高的电压足以击毙水中任何动物，即使是凶猛的鳄鱼，也常常因捕食电鳗而被其放出的高压电击中而丧生。

以电鳐为代表的强电鱼类，体内和放电器官能够以近100%的转换率高效放电。日本理化学研究所的一个研究小组利用电鳐放电器官原理开发出了新型发电机。研究小组对捕获数日以内的活体电鳐施加刺激，结果在10毫秒的极短时间内脉冲电流的峰值电压为19伏特，峰值电流8安培。他们还利用该脉冲电流成功启动LED灯并向电容器蓄电，储蓄的电量能使LED灯长时间发光和驱动迷你车行驶。

圆或近于圆形的体盘。一对放电器官由变态的肌肉组织构成，位于体盘内。电鳐有5个鳃裂，身体平扁卵圆形，吻不突出，臀鳍消失，尾鳍很小，胸鳍宽大，胸鳍前缘和体侧相连接。在胸鳍和头之间的身体每侧有一个大的放电器官，能放电，以电击敌人或猎物，卵胎生，半埋在泥沙中等待猎物，一般体型较小，一眼上去很像小提琴。

治疗人类疾病的古老医生

电鳐放电器官最主要的枢纽是器官的神经部分，它能够自己掌握放电时间和强度。它靠发出的电流击毙水中的小鱼、虾及其他的小动物，用来捕食和打击敌害。

早在古希腊和罗马时代，医生们常常把病人放到电鳐身上，或者让病人去碰一下正在池中放电的电鳐，利用电鳐放电来治疗风湿症和癫狂症等病。就是到了今天，在法国和意大利沿海，还可看到一些患有风湿病的老年人，正在退潮后的海滩上寻找电鳐，当做自己的"医生"呢。

备受关注的新物种

吸力超强电鳐这个新品种是电鳐家族单鳍电鳐科已知最大的成员，它曾位于2007年十大新物种提名榜中，其原因是它的属名非常与众不同且很有趣。科学家拍摄的这种电鳐觅食录像中显示：它可在水中像吸尘器一样捕食猎物，完全可以和用来吸取地毯、家具和其他容易落灰尘的现代家居用品表面的杂物的电动吸尘器相媲美。因此科学家按照伊莱克斯真空吸尘器的名字给它命名。

美丽的陷阱

狮子鱼

在海洋五彩缤纷的珊瑚丛中有一种奇特的鱼类——狮子鱼：它是世界上最美丽、最奇特的鱼类之一。美丽的外表，红褐相间的条纹，使它显得非常夺目，然而在它美丽的外表下也隐藏着陷阱，它有着能够分泌毒液的毒腺，能毒晕甚至毒死其他的小鱼；如果人类不小心被它刺破皮肤，虽不至于被毒死，伤口也会疼痛难忍、肿胀发炎。因此，狮子鱼也被称为"美丽动人的海底杀手"。

狮子鱼的背鳍、臀鳍和尾鳍是透明的，上面点缀着黑色的斑点，仿佛身披一件白、褐色相间的"彩衣"。它们栖息于岩礁或珊瑚丛中，有的见于深水。常成对游泳，在遇敌时，即侧身以背鳍鳍棘向对方冲刺。它的鳍棘上有毒腺，人被刺后会剧痛难忍，严重者呼吸困难，甚至晕厥。它们在夏季产卵，卵浮性，粘连。狮子鱼主要以甲壳动物为食。

狮子鱼一般漂动在红色的珊瑚丛中，小鱼不容易发现它，它则会紧盯住目标，瞄准时机，猛地把四面飞扬的长鳍条收紧，"嗖"的一下子蹿过去，张嘴一咬，那些小鱼就成了它的美食。如果失去珊瑚的保护，狮子鱼就很容易暴露自己，成为大鱼的目标。但是，在危险来临时，它就会尽量张开那长长的鳍条，使自己看

别　　名：蓑鲉（suō yóu）、火鱼

分布海域：印度—西太平洋暖水海域，以及我国的西沙群岛和广东沿海

[狮子鱼]

狮子鱼的长相有着极强的视觉冲击力：身披褐白相间的条纹，两侧还有长长的扇状鱼鳍。然而"鱼不可貌相"，在佛罗里达州和加勒比海附近的海域，这种鱼被认为是最具破坏性的外来物种。它们胃口极大，一顿饭可以吃掉很多生物。

人类一旦被狮子鱼蜇到，伤口会肿胀，并伴有剧烈的疼痛，有时候还会发生抽搐。它们的毒素是一些对热很敏感的蛋白质，而蛋白质在遇高温、碱、酸和重金属时都会变性，根据这一特性，若被刺伤，应马上将伤口浸入45℃以上的热水中30～60分钟，既可缓解疼痛，又可以分解一部分毒素，然后尽快就医。

狮子鱼的分类很多，以下摘选几种狮子鱼，欣赏它们美丽的身姿。

起来显得很大，同时用鲜艳的颜色警告对方。

在自然界有个规律，一般体色越鲜艳的动物，就越可能是有危险的。如果真遇上胆子大的鱼，狮子鱼就会使出浑身解数，和大鱼周旋，它全身的鳍条收放自如，一会儿张开，一会儿收回，即使十分不幸被大鱼吞掉，大鱼也会因为它全身的鳍条而难以将它吞到腹中，再吐出来时还会被它刺伤，中毒而死。狮子鱼真不愧为海洋中的武士。

深海中的幽灵

狮子鱼是地球上栖息地最深的脊椎动物，在太平洋其他海域的海沟，人们也发现了这种动物的身影。

已知栖息地最深的狮子鱼于2008年在日本海沟发现，它的栖息地深度达到4.8英里（约合7700米）。海洋实验室指出，这条新发现的狮子鱼生活在海洋深处，身长6英寸（15.24厘米），能够承受住相当于1600头大象站在Mini Cooper车顶上产生的压力，不可谓不惊

[触须蓑鲉]

[拟蓑鲉]

人。经过长时间的进化，这种动物已具有极高的适应能力，能够在高压环境下生存下来。

奇妙的美味佳肴

美国佛罗里达海洋保护机构曾专门编写了一本配有45个菜谱的《狮子鱼烹饪指南》。据称，这种鱼"味道很好，肉质细嫩多汁，而且加工方法简单"。佛罗里达海洋保护机构称，狮子鱼味道与河豚类似，但却不像后者那样容易让食客中毒。据悉，狮子鱼的毒素只存在于"脊椎"（鱼刺）内，而且普通加热的烹调方式就可以完全将其破坏掉。如果在宰杀时将鱼刺剔掉，就更不用担心是否会中毒的问题了。在巴哈马、多米尼加和墨西哥的餐馆早就将狮子鱼列为"必吃的土特产"了。

社会隐患

19世纪末水族爱好者无意间将狮子鱼引入加勒比海和美国东南海域。由于没有天敌存在，这一外来物种的数量呈爆炸性增长趋势。为了保持生态平衡，洪都拉斯当地潜水员正与罗丹国家公园的工作人员合作，训练鲨鱼捕杀入侵的狮子鱼。

美国佛罗里达州的狮子鱼"鱼"满为患，破坏了当地的珊瑚礁生态。其罪魁祸首是1999年因"安德鲁"飓风摧毁的佛罗里达州一座水族馆中趁机逃入附近海域的6条狮子鱼，由于缺乏天敌而泛滥成灾。佛罗里达海洋动物保育部门提出的对策是：吃掉它。

这种鱼大约10年前出现在加勒比海和墨西哥湾，如今已严重破坏当地生态系统。近两年内，这种鱼大量出没于古巴海域。它们栖息在珊瑚礁外围，以较小型物种为食，身上的毒鳍也吓跑了潜在的天敌，除了人类。即使是鲨鱼也不愿靠近狮子鱼，导致狮子鱼大量捕食其他生物，迅速繁殖。这也对当地生态系统构成了潜在的威胁。

[抓捕狮子鱼]

曾有300多名获颁专业执照的潜水员组成的捕杀队对加勒比海地区开曼群岛附近水域的狮子鱼进行过捕捉，以遏制它们对周围水域生态环境的破坏。它们食量惊人，一条狮子鱼半小时内可吃掉20条小鱼。如今，狮子鱼在加勒比海分布广泛，并已现身一些渔业资源稀缺、潜水者众多的区域，严重危害当地生态环境。

[蜂蓑鲉]

貌不惊人却剧毒无比的鱼

石头鱼

它貌不惊人，喜欢躲在海底或岩礁下，将自己伪装成一块不起眼的石头。如果有人不留意踩着了它，它就会毫不客气地立刻反击，向外发射出致命剧毒，它的脊背上那 12～14 根像针一样锐利的硬棘会轻而易举地穿透人的鞋底刺入脚掌，使人很快中毒并一直处于剧烈的疼痛中，直到死亡。

别　　名：老虎鱼、石崇
分布海域：菲律宾、印度、
　　　　　日本和澳洲，
　　　　　我国盛产于
　　　　　台湾、江南
　　　　　一带

传说上古时代，天空出现了一个大洞，由女娲娘娘创造的人类顿时陷入了无边的灾难中。女娲娘娘看到这种情况后，留下了难过的泪水，泪水滴落在土地上，竟变成了五彩斑斓的彩石。于是，女娲娘娘便把这些彩石带到天上补天。可是，有一天，女娲娘娘在天空中补天时不小心把一块彩石掉进了大海，这块有神力的

[石头鱼]

石头鱼长得非常像蓑鲉，栖息地和习性也颇为接近。它们使用自己特殊的身体特征隐匿起来，在水底静止不动，看上去就像是一块石头，直到猎物进入它们的活动范围时，它们才发起攻击。

彩石便在大海中等待女娲娘娘把它捡起补天，可是，女娲娘娘忙着补天，竟忘了还有一块彩石掉进了大海。天被补好了，可那块小彩石却依旧在等着女娲娘娘，小彩石等啊等啊，这一等就是几千年。后来，这块小彩石便成了海底的精灵，变成了长相如同彩色礁石一样的"石头鱼"。

世界上最毒的鱼

石头鱼形状恐怖，外身光滑无鳞，嘴形弯若新月，鱼鳍为灰石色，隐约露出石头般的斑纹；圆鼓鼓的鱼腹白里泛红，尾部扁侧稍窄。身体厚圆而且有很多瘤状突起，好像蟾蜍的皮肤，体貌甚丑陋，活像一块石头，通常蛰伏在海底石堆中，不易被发觉，平时很少活动，靠捕食游近之生物为生。

石头鱼背部有几个毒鳍，鳍下生有毒腺，每条毒腺直通毒囊，囊内藏有剧毒毒液。当被它的毒鳍刺中时，其毒囊受挤压便会射出毒液，沿毒腺及鳍射入人体。被刺者马上会苦不堪言：初则痛不欲生，伤口肿胀，继而晕眩，抽筋而至休克，不省人事，甚至死亡。

其实，石头鱼的毒鳍是用来防御强敌的，并非用以伤人。如不幸被刺中，最好是从速送往医院急救。但也有海上作业之渔民，会采用古法医疗。他们会携带叫作"还魂草"的药料以备急需；又或用俗称作"石拐"的"禾捍草"，以樟木煎水浸熨敷治。

石头鱼的体色会随环境不同而复杂多变，它会像变色龙一样通过伪装来蒙蔽敌人，从而使自己得以生存。其颜色通常以土黄色和橘黄色为主。它的眼睛很特别，长在背部而且特别小，眼下方有一深凹。石头鱼常常躲在海底或岩礁下，将自己伪装成一块不起眼的石头，即使人站在它的身旁，它也一动不动，让人发现不了。它

> 关于石头鱼的另一个传说：在远古时代，百义部落与轩辕黄帝在马良镇一带发生了激烈的战争，一个用水攻，一个用石挡，打得难解难分。双方的战争造成河流堵塞，洪水泛滥，大片良田被淹，百姓怨声载道。此事惊动了天上的玉皇大帝，玉皇大帝大怒，于是降旨派雷神劈山炸石，疏凿河道。雷鸣电闪之际，山石如暴雨倾洒江中，碎石一掉进水里竟都化为游鱼，百姓捕食充饥，因此人们称这种鱼为石头鱼。

石头鱼外皮很厚，去除表皮后，可以用果皮清蒸，蒸好后呈半透明啫喱状，很滑，口味很好，但略带甘苦味，颜色很白，除主骨外，没有其他骨刺。

的捕食方法很有趣，经常以守株待兔的方式等待猎物的到来。它的硬棘（背鳍棘基部的毒腺有神经毒）具有致命的剧毒。

石头鱼是世界上最毒的鱼之一，它的保护色与海底完美融合，它一般不主动攻击猎物，只有猎物靠近它时，它才会发起攻击，它的毒液会导致猎物瘫痪甚至死亡。

药用效果极佳的美食佳肴

石头鱼味极鲜美，骨刺少，烹饪时可选大条的，一条 1.5～2 千克重比较适宜，太细小的肉太少，食之无味。春夏两季最肥，入冬后鱼味更鲜。

石头鱼虽然丑陋，但却肉质鲜嫩，没有细刺，营养价值很高，有生津、润肺的药用功效，皮肤不好的人吃了，还能起到美容的作用。最宜于清炖。若将石头鱼的鱼鳔晒干后，加工成鱼肚用来氽汤，入口爽滑，为席上珍肴，可与上等的鱼翅、燕窝媲美。明代医药学家李时珍撰写的《本草纲目》中说石头鱼能够治疗筋骨痛，有温中补虚的功效。据记载，公元 1880 年，清朝李鸿章还曾派专员远赴马良镇采办石头鱼，作为宴请各国驻华使节及外交官员的席上珍品。

像花草一样摇摆的鱼

花园鳗

花园鳗主要栖息在珊瑚礁沙质海底，是群栖的动物，它们的体型细长，平常白天下半身埋在砂地，只露出上半身在水层中啄食浮游动物，随着海流晃动，它们的身体摇曳生姿，远远望去好像花园里的草在随风摇摆，所以得名。

花园鳗的身体为长条形，颜色很美丽。它们的下半身通常藏在沙子里，如果感到危险，会迅速钻到沙子里。花园鳗的警戒心非常强，只要方圆一二米内稍有风吹草动，马上会将身体缩回洞中，几分钟之后，才小心翼翼地探出头来，张开那双特大的眼睛东张西望，等到它确认安全后，才会慢慢地将身体伸出来继续活动。花园鳗胆小怕生，如果受到惊吓或强烈的闪光，可能就会因紧张而死去。因此，虽然有许多人会特地潜水去观赏整群花园鳗在海中的奇特景观，但一般也只能远远地观赏，无法太靠近。偶尔运气好的时候可以看到它们为了争地盘而吵架的画面，有时激烈起来甚至将身体伸出水面，互咬对方。

这种总是在水族箱里摇来晃去的小东西默默成为水族箱里的人气偶像之一。最近花园鳗的吵架方式突然在推特上形成话题，为了争地盘而发生争执的花园鳗，将让你看到全世界最没爆点的吵架景象。

花园鳗性格十分温和且个性可爱，是人们争相饲养的原因之一。只要提供足够厚的底砂，当挖到缸底时花园鳗会沿着与缸底平行方向挖洞。水缸内需保持中弱水流，不要与凶猛的鱼混养。水缸要加密封的盖防止其逃跑。可以饲喂各种动物性饵料，如丰年虾与薄片。

别　　名：斑点花园鳗
分布海域：中太平洋西部水域

[水中摇曳的花园鳗]

海洋骏马

海马

海马是海龙目海龙科暖海生数种小型鱼类的统称，是一种小型海洋动物，身长5～30厘米。海马因头部弯曲与身体近直角，外形酷似马而得名，因此也被称为"海洋骏马"。

别　　名：无
分布海域：大西洋、太平洋

海马的头部呈马头状而与身体形成一个角，吻呈长管状，口小，有一个背鳍，均为鳍条组成。海马通常喜欢生活在珊瑚礁的缓流中，因为它们不善于游泳，故而经常用它们那适宜抓握的尾部紧紧勾在珊瑚的枝节、海藻的叶片上，将身体固定，以使自己不被激流冲走。它们能适应不同盐度的海水区域，甚至在淡水中也能存活，而大多数种类的海马生长在河口与海的交界处。海马的嘴很小，只宜觅食活饵，不善于游泳的它们不能迅捷地捕食。

[海马]

[清太庙丹陛海马雕像]

北京明清太庙丹陛的汉白玉"石雕马"俗称"海马",实际上是中国古代传说中的一种神兽。这匹海马穿行于波涛之中,神态怡然。波涛和"山"形的岩石是一种古代典型的吉祥纹样,称为"海水江崖"。显然,这种海马不同于动物学意义上的、可做中药的海洋生物,而是一个中华传统文化的特殊符号,其起源颇为古老。有人说这神秘的浮雕"海马"是一种叫"特"的神兽。在北京白云观和东岳庙都有它的铜雕造型。传说"特"是文昌君的坐骑,又传说它是康熙皇帝南巡时的脚力。虽然"特"酷似一匹马,但它是骡身、驴面、马耳、牛蹄的"四不像",和太庙丹陛之上的浮雕海马有明显不同。

海马性情懒惰,常以卷曲的尾部缠附于海藻的茎枝上,有时也倒挂在漂浮着的海藻或其他物体上,随波逐流。即使为了摄食或其他原因暂时离开缠附物,在游泳一段距离之后,它们又会附着在其他物体上。海马的游泳姿势十分优美,在游泳时鱼体会直立在水中,完全依赖背鳍和胸鳍高频率地作波状摆动而缓慢地游动。海马一般在白天活动,晚上则呈静止状态。海马在水质变劣、氧气不足或受敌害侵袭时,往往会因咽肌收缩而发出咯咯的响声,这是给养殖者发出"求救"的信号,但在摄食水面上的饵料时也会发声。

别具一格的捕食方式

海马行动迟缓,却能很有效率地捕捉到行动迅速、善于躲藏的桡足类生物。海马的鳍用肉眼是不太容易看出来的。但用高速摄像机观察时,可看到鳍上一根根活动的棘条。这些棘条能在 1 秒内来回活动 70 次。凭借从背鳍端传到另一端的波浪,海马自由自在地进行前后或上下移动。

海马主要摄食小型甲壳动物,主要有桡足类、蔓足类的藤壶幼体、虾类的幼体及成体等。海马必须利用弓形的颈部当弹簧,以扭动头部朝前捕捉猎物,这也限制它们捕捉食物的有效距离,只相当于颈部的长度,即0.1 厘米。然而,海马却能利用头部的特殊形状,悄悄地靠近猎物，然后加以捕捉，而且成功概率超过90%。海马的嘴位于长形口鼻的末端，它在朝猎物移动时，口鼻附近的水纹几乎不动，所以能够偷偷地靠近对方，成功捕食。

世界上由雄性生殖的生物

海马的雌雄鉴别很简单：雄鱼有腹囊（俗称育儿袋），而雌鱼没有腹囊。雄海马从不跟它们的孩子一起玩耍，但是它们在另外一个方面胜过人类父亲——生育后代。海马是地球上由雄性生育后代的动物之一。

雄海马的腹部、正前方或侧面长有育儿袋。在交配期间，雌海马会把卵子释放到雄海马育儿袋里，雄海马负责给这些卵子受精，然后会一直把受精卵放在育儿袋里，直到它们发育成形，才把它们释放到海水里。

海马并不是雌雄同体，海马只是雄性孵化后代。每年的5—8月是海马的繁殖期，这期间海马妈妈把卵产在海马爸爸腹部的育儿袋中，卵经过50～60天孵化后，幼鱼就会从海马爸爸的育儿袋中生出，所以说是海马爸爸负责育儿，虽然海马爸爸不是真的生小孩，但是孵化还是需要海马爸爸来完成。

世界上最优雅的泳客

叶海龙

叶海龙身上布满形态美丽的绿叶，游动起来时摇曳生姿，十分美丽优雅。它的形态、生活习性和食物习性都与海马很相似，因而得名叶海龙。

[叶海龙]

叶海龙主要栖息在隐蔽性较好的礁石和海藻生长密集的浅海水域。无论形态、生活习性和食物习性都与海马很相似。因其身上布满形态美丽的绿叶，游动起来摇曳生姿，被称为"世界上最优雅的泳客"。

叶海龙的身体由骨质板组成，且延伸出一株株像海藻叶瓣状的附肢，一般栖息在礁沙混合区海域，深度为 4～30 米，属肉食性生物，捕食小型甲壳类、浮游生物、海藻和其他细小的漂浮残骸，会模仿海草随波漂浮，雌性叶海龙会将卵寄生在雄性叶海龙的尾上直到卵孵化。

叶海龙是海洋生物中杰出的伪装大师，它伪装的道具是精细的叶状附肢。叶海龙全身由叶子似的附肢覆盖，就像一片漂浮在水中的藻类，并呈现绿、橙、金等体色。只有在摆动它的小鳍或是转动两只能够独立运动的眼珠时，才会暴露行踪。此外，叶海龙还会利用其独特的前后摇摆的运动方式伪装成海藻的样子以躲避敌害。成体叶海龙的体色可因个体差异以及栖息海域的深浅而从绿色到黄褐色各不相同。

别　　名：藻龙
分布海域：澳大利亚南部及西部海域，通常生活在较浅及暖和的海水中

据专家介绍，叶海龙目前仅存于澳大利亚南部及西部海域，通常生活在较浅及暖和的海水中，是一种与海马属近亲的鱼类。由于外形看起来既像海藻叶又像传说中的龙，因此称为叶海龙，属顶级世界珍稀奇异鱼类。目前在我国除大连外只有成都有2只叶海龙，我国的叶海龙总数不超过5只。

[与叶海龙一样珍贵的草海龙]

草海龙的名字源于中国古代的神话故事，在澳大利亚，它们被称为澳洲海马。海龙又名藻龙，和海马属于同一家族，无论形态、生活习性和食物习性都很相似。不同的是，海龙的身体比海马大一些，海龙的头部和身体有叶状附肢，尾巴也不像海马的可以盘卷起来。

吮吸猎物的 baby 鱼

叶海龙没有牙齿，它的嘴巴很特别，长长的像吸管一样，这一结构特点使叶海龙适应于吮吸的摄食方式，可把浮游生物、糠虾及海虱等其他小型的海洋生物吸进肚子里。

角色颠倒的繁殖方式

与同一家族的海马一样，叶海龙在孵育后代的过程中也往往存在"角色颠倒"的现象。每年的 8 月和隔年的 3 月是叶海龙的繁殖季节。在交配期间，雌性叶海龙会将一定数量的卵排放在雄叶海龙尾部由两片皮褶成的育婴囊中，而雄叶海龙则要担负起孵化卵的重任。叶海龙卵一般需要在雄性个体的育婴囊中待上大约 2 个月的时间，才可以孵化成为幼体叶海龙。

通常一只雄叶海龙可以孵两窝卵，可惜的是，在自然环境里，大约只有 5% 的小叶海龙宝宝有存活长大的机会。

岌岌可危的生存现状

虽然不像其他神秘海洋动物那样难觅踪影，但亲眼见到这种特殊海龙的人却变得越来越少了。由于环境污染和工业废物流入海洋，叶海龙已濒临灭绝。而叶海龙美丽可爱的模样、不易迅速游动的身躯与常保持静止不动的习性，也使它们经常遭到捕捉。目前这叶海龙和草海龙都已被列为保育动物，特别是外表细致华丽的叶海龙，更是相当稀少珍贵。

海洋天使

神仙鱼

神仙鱼因从侧面看其游动时，如同燕子翱翔，故又称燕鱼。神仙鱼体态高雅、游姿优美，受水族爱好者欢迎的程度是任何一种其他的热带鱼都无法比拟的，神仙鱼几乎就是热带鱼的代名词，只要一提起热带鱼，人们往往首先联想的就是这种在水草丛中悠然穿梭、清尘脱俗的鱼类。

原产于秘鲁的神仙鱼，是一种非常美丽的热带鱼品种，它的头部小而尖，体侧扁，呈菱形，背鳍和臀鳍很长，挺拔如三角帆，深受水族爱好者喜欢，这种鱼属于热带观赏鱼中比较难养的。

别　　名：燕鱼、天使、
　　　　　小神仙鱼、小
　　　　　鳍帆鱼等
分布海域：秘鲁、亚马孙
　　　　　水域
　　　　　⋯⋯

舒适的生存环境

神仙鱼的饲养水温一般控制在 24 ~ 28℃，在这个温度范围内，神仙鱼的食欲旺盛，生长迅速，它不受外界气温变化影响，始终维持在一个相对稳定的状态中。

[女王神仙鱼]

女王神仙鱼是所有海洋神仙鱼中最令人惊艳、最耀眼的，动感的黄色及靛蓝色使女王神仙鱼带着彩虹般的风采。

[神仙鱼]

神仙鱼鱼体呈菱形，体侧扁，尾鳍后缘平直，背鳍、臀鳍鳍条向后延长，上下对称，似张开的帆。腹鳍特长，呈丝状。分布于印度洋非洲东岸、红海，东至澳大利亚，北至日本以及中国南海、台湾海峡等海域，属于暖水性中上层鱼类。

神仙鱼的饵料有鱼虫、水蚯蚓、纤虫、黄粉虫、小活鱼、颗粒饲料等。神仙鱼品种繁多，大小悬殊，因此不同品种神仙鱼的饵料选择也不同。

神仙鱼性情温和，对水质没有什么特殊要求，可以和绝大多数无攻击性热带鱼混合饲养，但必须注意尽量不与带攻击性的鱼种混养，如鲤科的虎皮、攀鲈亚目的中国斗鱼（菩萨鱼）、慈鲷科的鹦鹉鱼、地图鱼等。经过多年的人工改良和杂交繁殖，神仙鱼有了许多新的种类，根据尾鳍的长短可分为短尾、中长尾、长尾三大品系；而根据鱼体的斑纹、色彩变化又分成许多种类，在国内比较常见的有：白燕鱼、黑燕鱼、灰燕鱼、云石燕鱼、半黑燕鱼、鸳鸯燕鱼、三色燕鱼、金头燕鱼、玻璃燕鱼、钻石燕鱼、熊猫燕鱼、红眼燕鱼等。

神仙鱼的雌雄鉴别在幼鱼期比较困难，但是在经过8—10个月成长后进入性成熟期的成鱼，雌雄特性却十分明显，其特征是：雄鱼的额头较雌鱼发达，显得饱满而高昂，腹部则不似雌鱼那么膨胀，而且雄鱼的输精管细而尖，雌鱼的产卵管则是粗而圆。由于神仙鱼是属于喜欢自然配对的热带鱼类，配对成功的神仙鱼往往会脱离群体而成双入对地一起游动、摄食，过着只羡鸳鸯不羡仙的独立生活。

夫妻双方共同的守护责任

　　神仙鱼是卵生鱼类，繁殖却比较简单。仔细观察配对成功的双鱼，如果肛门附近开始突起，即输精管、产卵管开始下垂，这是繁殖前的征兆，它们会在繁殖前选择一片认为安全的区域，共同保卫领土，驱赶无意间闯入的其他鱼类。这片领土可能是一片宽大的水草叶面。在确定了环境安全后，雌、雄鱼会将产卵区域啄食干净，而后雌鱼开始产卵，而雄鱼在雌鱼产卵的同时进行受精。一般情况下，整个产卵过程将持续数小时，产卵数量视成鱼的大小而定，一般为 400 ～ 1000 枚不等。

　　产卵结束后，雌、雄鱼会共同守护鱼卵，轮流用胸鳍扇动水流确保受精卵有充足的水溶氧，当某些鱼卵因为未受精或被水霉菌感染而发白、霉变时，它们会立即啄食，确保其他受精卵不受感染，整个维护过程是十分感人的。

> 　　神仙鱼是一种自由恋爱的鱼，只有雌雄双方相互"对了眼"才能结合，结合以后就是恩爱的夫妻，没有特殊情况它们会白头到老，故而在养鱼时，需要帮助鱼儿们培养"夫妻感情"，这样收获的鱼儿会比卵胎生鱼大得多。

[女王神仙鱼]

女王神仙鱼是一种好奇心十分强的鱼，当将它放入水族箱时，它会一下子躲到石头后面，但不久强烈的好奇心就促使它到水族箱的每一个角落去猎奇。在几小时内它就可以游遍所有的区域，每一个石头洞穴它都会去探察一翻，并不住地观察每一块石头，甚至每一粒沙子。

小丑鱼 ∷∷

小丑鱼因为脸上有一道或两道白色条纹，好似京剧中的丑角而得名，是一种热带咸水鱼。

别　　名：海葵鱼、双锯鱼

分布海域：印度—太平洋、红海，北至日本南部，南至澳洲

看过《海底总动员》的朋友们应该对主角小丑鱼父子比较熟悉，真实世界的小丑鱼种类众多，已知有 28 种，一种来自棘颊雀鲷属，其余来自双锯鱼属。

小丑鱼最大体长达 11 厘米；臀鳍软条总数有 14 ～ 15 条，在前额与上侧面上有白色的斑块；鳍大都是黑色的，只有透明的胸鳍与软背鳍鳍条的外部部分除外。小丑鱼栖息于珊瑚礁与岩礁中，稚鱼时常与大的海葵、海胆或小的珊瑚共生，形成小群到大群鱼群，以藻类、海葵、桡足类动物和其他的浮游性甲壳动物为食。

彼此依存的共生关系

小丑鱼身体表面拥有特殊的黏液，可保护它不受海葵的影响而安全自在地生活于其间。因为海葵的保护，

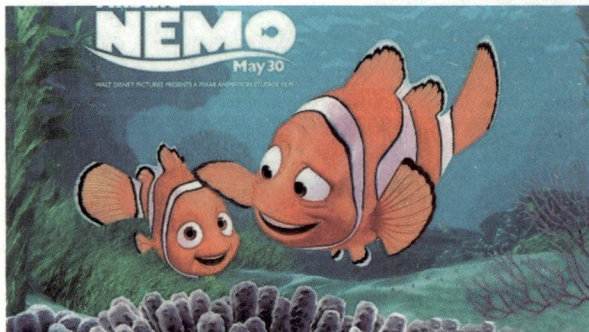

[《海底总动员》剧照和真实的小丑鱼]

小丑鱼的最大特点就是寄生于剧毒的海葵中，自己却可以不受海葵毒素影响，甚至可以利用海葵的毒素获取食物。这种习性的确与影片中鱼爸爸玛林的性格颇为相似，导演安德鲁·斯坦顿的角色构思的确巧妙。

使小丑鱼免受其他大鱼的攻击，同时海葵吃剩的食物也可供给小丑鱼，而小丑鱼也可利用海葵的触手丛安心地筑巢、产卵。

对海葵而言，可借着小丑鱼的自由进出，吸引其他的鱼类靠近，增加捕食的机会；小丑鱼也可除去海葵的坏死组织及寄生虫，同时因为小丑鱼的游动，还可减少残屑沉淀至海葵丛中。小丑鱼则可以借着身体在海葵

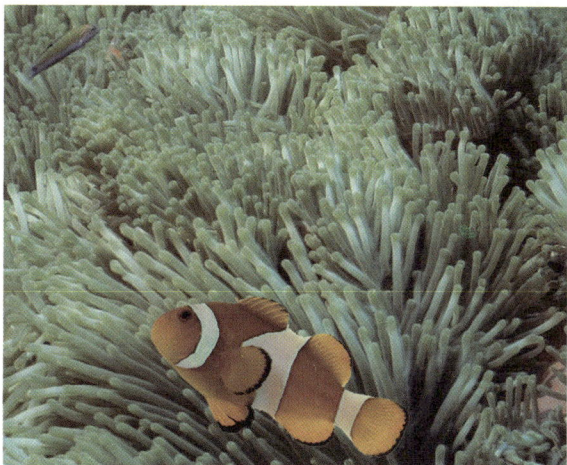

[海葵和小丑鱼]

触手间的摩擦，除去身体上的寄生虫或霉菌等。

小丑鱼产卵在海葵触手中，孵化后，幼鱼在水层中生活一段时间，才开始选择适合它们生长的海葵，经过相互适应后，才能共同生活。值得注意的是，小丑鱼并不能生活在每一种海葵中，只可在特定的对象中生活；而小丑鱼在没有海葵的环境下依然可以生存，只不过缺少保护罢了。

雌雄小丑鱼的特别同居生活

小丑鱼是极具领域观念的，通常一对雌雄鱼会占据一只海葵，阻止其他同类进入。如果是一只大型海葵，它们也会允许其他一些幼鱼加入。在这样一个大家庭里，体格最强壮的是雌鱼，她和她的配偶雄鱼占主导地位，其他的成员都是雄鱼和尚未显现特征的幼鱼。雌鱼会追逐、压迫其他的成员，让它们只能在海葵周边不重要的角落里活动。如果当家的雌鱼不见了，原来那一对夫妻中的雄鱼会在几星期内转变为雌鱼，完全具有雌性的生理机能，然后再花更长的时间来改变外部特征，如体形和颜色，最后完全转变为雌鱼，而其他的雄鱼中又会产生一尾最强壮的成为她的配偶。

人工繁殖的小丑鱼在刚繁殖出来时是在裸缸内饲养的，头几天喂轮虫，以后喂丰年虫，大约一个半月，当小丑鱼长到 1.5 厘米 以上并开始在缸底睡觉时，开始进行驯化，驯化的食物为颗粒料、碎虾肉及螺旋藻，人工繁殖的小丑鱼的食物较简单，颗粒料、碎虾肉或其他杂食性饵料均可，但前两个月要在食物中加一些天然虾青素，螺旋藻粉可使鱼的色彩更鲜艳，因繁殖场驯化的时间比较短，如能在喂食物后再加一些丰年虫更佳。

性感小精灵

海葵虾

海葵虾的体型娇小，但在体表有极为细致的纹路与斑点，因个子娇小迷人，又常常把尾部高高翘起，看上去宛若淑女穿着漂亮的紧身旗袍袅袅漂游。

别　名：性感虾、斑马虾
分布海域：西太平洋和印度洋，东太平洋至大西洋之间的广大区域

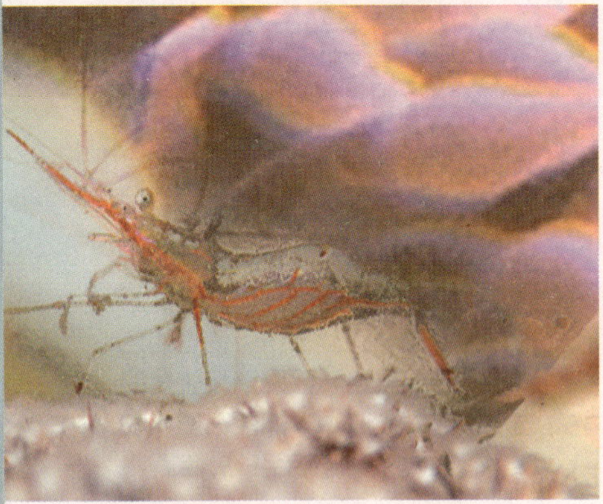

[海葵虾]

海葵虾是依附与海葵而生存的小生命，它们有奇特的体色，这主要是为了伪装而从父母那里继承来的，这种奇特的体色不但起到保护作用，还把它们打扮得绚丽多彩。

为了弥补个体在体型上的弱势，因此海葵虾采取了几种巧妙的策略，让它们能成功地适应竞争激烈的珊瑚礁环境。它们整个躯干呈现如同果冻般的透明感，仅在螯足、背部或尾扇上零星分布数个以浅紫钩边的白色斑点。除了尽量降低被掠食者发现的机会外，海葵虾也选择了与海葵互利共生的特殊行为，因此经常可以见到海葵虾出现在俗称为奶嘴海葵的肯氏绿海葵或具有剧烈毒性的地毯海葵上；海葵虾负责清除海葵表面的废物与沉积物，而海葵则利用触手上特殊的刺细胞，保卫着活动其上的海葵虾，形成完美而和谐的共生行为。

海葵虾饲养比较简单，但受到打扰就会钻沙，适合在软体缸中饲养，喜欢和海葵共生。虽然海葵虾是杂食性的，但更喜欢肉食，因此许多人以为它是肉食性动物。海葵虾可以多只饲养，同种之间不会打架。它们性感的虾体很娇小，一落缸就不容易找到，建议在小型缸中饲养。

海兔

海底兔子

海兔不是兔，是螺类的一种。海兔在海底爬行时，头上的一对触角会分开成"八"字形，向前斜伸着，嗅四周的气味，休息时这对触角立刻并拢，笔直向上。当它不动时，活像一只蹲在地上竖着一对大耳朵的小白兔，因而最早被罗马人称为海兔。后被世人所公认，海兔因而得名，日本人则称它为"雨虎"。

海兔的身体光滑，或有许多突起，薄薄的壳皮一般呈白色，有珍珠光泽。头上有两对突起的如兔耳的触角，触角分工明确，前面一对稍短，专管触觉；后一对稍长，专管嗅觉。海兔在海底爬行时，后面那对触角分开成"八"字形，向前斜伸着，嗅四周的气味。海兔的体型较小，身体一般呈卵圆形，运动时身体可变形。海兔没有石灰质的外壳，而是退化成一层薄而透明、无螺旋的角质壳，被埋在背部外套膜下，从外表根本看不到，在背面由一层薄而半透明的角质膜覆盖着身体（这一点和蛞蝓相同，故又名海蛞蝓）。海兔的足相当宽，足叶两侧发达，足的后侧向背部延伸。平时，海兔用足在海滩或水下爬行，并借足的运动作短距离游泳。

别　　名：海蛞蝓
　　　　　（kuò yú）
分布海域：遍及全球海域，
　　　　　其中还包括
　　　　　热带和南极
　　　　　洲海域

[海兔]

这种海蛞蝓又被称为"黑色斑点天鹅绒海蛞蝓"，它的身体表面有一些小的感官结节，有些大的结节就形成了"耳朵"，因此看上去与毛茸茸的兔子很像。

海蛞蝓是对海牛和海兔和其他无壳的底栖后鳃亚纲螺类的总称。常见的有以海牛为代表的裸鳃目，以及以海兔为代表的无楯目。

[小海兔]

小海兔是目前被发现的海兔家族中最小的成员，也是能遇到的最普遍品种之一。在非洲、红海、斐济、新几内亚、加利福尼亚州、新西兰和澳大利亚海域均有分布。当这种海兔遇到危险时，会喷出红色液体。它们的身体呈红色或红褐色，可以喂食红藻及绿藻，在夏天产卵。最多能长到5厘米。

海兔有3000个种类，遍及全球海域，其中还包括热带和南极洲海域。海兔在我国沿海尤其是东南沿海有分布，生活于热带海域，其五彩斑斓的外貌具有很高的观赏性。

独领风骚的捕猎本领

海兔喜欢在海水清澈、水流畅通、海藻丛生的环境中生活，以各种海藻为食。它有一套很特殊的避敌本领，就是吃什么颜色的海藻就变成什么颜色。如吃红藻的海兔身体会呈玫瑰红色，吃墨角藻的海兔身体就呈棕绿色。有的海兔体表还长有绒毛状和树枝状的突起，从而使海兔的体型、体色及花纹与栖息环境中的海藻十分相近，这样就为它避免了不少麻烦和危险。

海兔既能消极避敌，又能积极防御。在海兔体内有两种腺体，一种叫紫色腺，生在外套膜边缘的下面，遇敌时，能分泌很多紫红色液体，将周围的海水染成紫色，借以逃避敌人的视线。还有一种毒腺在外套膜前部，能分泌一种略带酸性的乳状液体，气味难闻，对方如果接触到这种液汁会因中毒而受伤，甚至死去，所以敌害闻到这种气味就会远远避开，是一种御敌的化学武器。

奇特的繁殖方式

海兔是雌雄同体的，也就是一只海兔的身上有雌雄两种性器官。海兔的交尾方式很特别：如果仅有两只海兔相遇，其中一只海兔的雄性器官与另一只海兔的雌性器官交配，间隔一段时期，彼此交换性器官再进行交配。可是这种情况并不常见，通常总是几只甚至十几只海兔联体、成串地交配：最前的第一只海兔的雌性器官与第二只海兔的雄性器官交配，而第二只海兔的雌性器官又与第三只的雄性器官交配，如此一个挨着一个与前后不同的性器官交配。它们交配常常持续数小时，甚至数天之久。

科学家未解之谜

生活在美国新英格兰地区和加拿大的盐碱滩的一种通体碧绿的海兔可以进行光合作用，是人类发现的第一种可生成植物色素——叶绿素的动物。除了生成叶绿素所必需的基因外，它们还"窃取"了称为叶绿体的细胞器，利用其进行光合作用。

同植物一样，海兔的叶绿体借助叶绿素将阳光转化为能量，因此就没有通过吃食物以获取能量的必要。

研究人员采用放射性示踪剂以确保海兔确实是通过自身力量生成叶绿素，而不是从藻类身上窃取这种现成的色素。事实上，海兔完全吸收了这种遗传物质，将其遗传给下一代。这些海兔的后代同样可以生成自己的叶绿素，不过，在吃掉足够的藻类以获取必要的叶绿体之前，它们还不能进行光合作用。科学家迄今尚不清楚这种动物是如何盗用所需要的基因的。

[《神奇的旋转木马》中的欧米特鲁德]

据英国《每日邮报》报道，我国台湾业余摄影师吴林恩曾在印度尼西亚巴厘岛拍摄到一只罕见的海兔，它背着绿色枝叶样的壳，睁着两只小黑豆眼，神情困惑，像极了动画片《神奇的旋转木马》中的奶牛"欧米特鲁德"。

可抗癌的医用价值

日本名古屋大学山田静之教授等人从海兔体内提取了一种名为"阿普里罗灵"的化合物，通过动物实验，认为可作为抗癌剂。后来，日本东京大学水野传一教授及其同事利用海兔腺体制成了一种高效抗癌剂。它灭杀癌细胞的能力可与作为制癌药剂的肿瘤坏死因子 (TNF) 效力相匹敌。而且这种制剂只对癌细胞起灭杀作用，对正常细胞无毒性。这种海兔抗癌制剂的出现，使海兔声名远扬。

两只海兔的交配通常会有两种情况：一是发生战斗。在动物世界里，为争夺交配权进行战斗的情况时有发生。但海兔的情况则更为惨烈，因为谁一旦打输了就会变为雌性，全权负责怀胎产卵到抚养下一代；另一种情况则相对温和，两只海兔交配后会进行"角色互换"，开始进行第二次交配。

[形形色色的海兔]

海兔在全世界都可看到，在温暖的浅水湾更为繁多。它们颜色变化多端，从不易察觉的浅色到刺激人眼球的霓虹色，有时给人感觉像打扮怪异的小丑。同样地，海兔的体形也各有不同，变化惊人。唯一的共同点是头部都长有触须，用以进行触、闻、尝等行为。

会飞的鱼

飞鱼

　　飞鱼长相奇特，胸鳍特别发达，像鸟类的翅膀一样，它长长的胸鳍一直延伸到尾部，整个身体像织布的"长梭"。飞鱼在飞时让人感觉其实并不是飞翔，而是在滑翔。

[飞鱼]

飞鱼是个大家族，是银汉鱼目飞鱼科中的鱼的统称，我国产的飞鱼有弓头燕鳐、尖头燕鳐等6种。

别　　名：无
分布海域：热带、亚热带
　　　　　和温带海洋，
　　　　　包括太平洋、
　　　　　大西洋、印度
　　　　　洋及地中海
　　　　　…

　　飞鱼由于发达的肩带和胸鳍，以及尾鳍和腹鳍的辅助，能够跃出水面滑翔数百米，这种机能使飞鱼逃避鳀鳅、剑鱼等敌害的追逐。

　　飞鱼凭借自己流线型的优美体型，可以在海中以每秒10米的速度高速运动。它能够跃出水面十几米，在空中停留的最长时间是40多秒，飞行的最远距离有400多米。飞鱼的背部颜色和海水接近，它经常在海水表面活动。常成群地在海上飞翔，它的形态像鲤鱼，鸟翼鱼身，头白嘴红，背部有青色的纹理，常常在夜间飞行。

　　飞鱼在水下加速、游向水面时，鳍会紧贴着流线型身体。一冲破水面就会把大鳍张开，尚在水中的尾部快速拍击，从而获得额外推力。等力量足够时，它的尾部会完全出水，于是腾空，以每小时16千米的速度滑翔于水面上方几米处。飞鱼可进行连续滑翔，在每次落回水中时，尾部又把身体推起来。较强壮的飞鱼一次滑翔可达 180 米，连续的滑翔（时间长达 43 秒）距离可远至 400 米。

生活在海洋上层的鱼

飞鱼是生活在海洋上层的中小型鱼类，是鲨鱼、鳀鲰、金枪鱼、剑鱼等凶猛鱼类争相捕食的对象。飞鱼并不轻易跃出水面，只有在遭到敌害攻击，或者受到轮船引擎震荡声刺激的时候，才会施展这种本领。

飞鱼在长期的生存竞争中获得了这种十分巧妙的逃避敌害的技能——跃水飞翔，可以暂时离开危险的海域。当然，飞鱼这种特殊的"自卫"方法并不是绝对可靠的。在海上飞行的飞鱼尽管逃脱了海中之敌的袭击，但也常常成为海面上守株待兔的海鸟，如"军舰鸟"的"口中食"。飞鱼就是这样一会儿跃出水面，一会儿钻入海中，用这种办法来逃避海里或空中的敌害。飞鱼具有趋光性，夜晚若在船甲板上挂一盏灯，成群的飞鱼就会寻光而来，自投罗网撞到甲板上。

飞鱼在海中的主要食物是细小的浮游生物，每年的

位于加勒比海东端的珊瑚岛国巴巴多斯，以盛产飞鱼而闻名于世。这里的飞鱼有近 100 种，小的飞鱼不过手掌大，大的有 2 米多长。飞鱼是巴巴多斯的特产，也是这个美丽岛国的象征，许多娱乐场所和旅游设施都是以"飞鱼"命名的，用飞鱼做成的菜肴则是巴巴多斯的名菜之一。

在巴巴多斯，游客们在此不仅能观赏到"飞鱼击浪"的奇观，还可以获得一枚制作精致的飞鱼纪念章。

[飞鱼滑翔]

以前渔民们根据飞鱼的产卵习性，在它们产卵的必经之路，把许多几百米长的挂网放在海中，借此来捕捉它们，但后来许多国家对其进行了保护，使这种美丽的鱼类不至于被滥捕滥杀。

飞鱼在飞出水面时，会立即张开又长又宽的胸鳍，迎着海面上吹来的风以大约15米/秒的速度作滑翔飞行。当风力适当的时候，飞鱼能在离水面4～5米的空中飞行200～400米，是世界上飞得最远的鱼。

四五月份，它们会从赤道附近到我国的内海产卵，繁殖后代。

科学界揭秘飞翔奥秘

飞鱼多年来引起了人们的兴趣，随着科学的发展，高速摄影揭开了飞鱼"飞行"的秘密。其实，飞鱼并不会飞翔，每当它准备离开水面时，必须在水中高速游泳，胸鳍紧贴身体两侧，像一艘艘水艇那样稳稳上升。

飞鱼用它的尾部用力拍水，使整个身体好似离弦的箭一样向空中射出，在它跃出水面后，会打开又长又亮的胸鳍与腹鳍快速向前滑翔。它的"翅膀"并不扇动，靠的是尾部的推动力在空中进行短暂的"飞行"。仔细观察，飞鱼尾鳍的下半叶不仅很长，还很坚硬。所以说，尾鳍才是它"飞行"的"发动器"。如果将飞鱼的尾鳍剪去，再把它放回海里，由于没有像鸟类那样发达的胸肌，本来就不能靠"翅膀"飞行的断尾的飞鱼，只能带着再也不能腾空而起的遗憾，在海中默默无闻地度过它的一生。

海底的凶猛捕食者

海星 ❯❯❯

海星通常有 5 条腕，但也有的海星有 4 或 6 条腕，它们的身体多为扁平，呈星形。海星体色也不尽相同，几乎每条都有差别，最常见的颜色有橘黄色、红色、紫色、黄色和青色等。海星是肉食性动物，可以猎食各种无脊椎动物，因此也被称为最凶猛的捕食者。

海星是棘皮动物中生理结构最有代表性的一类。它们的身体扁平，多为五辐射对称，整个身体由许多钙质骨板借结缔组织结合而成，体表有突出的棘、瘤或疣等附属物。大个的海星有好几千管足，海星的嘴在其身体下侧中部，体盘和腕分界不明显。活动时口面向下，反口面向上。海星取食方式基本上有以下 3 种：

大多数海星类具有长且可弯曲的腕，管足上有吸盘，多以双壳类为食，在取食时身体位于贝壳上，以两腕在

别　　名：无
分布海域：世界各海域，
　　　　　以北太平洋区
　　　　　域种类最多

[海星]

世界各地海洋中的海星的体型大小不一，小到 2 ~ 5 厘米，大到 90 厘米，体色也不尽相同，几乎每只都有差别，最常见的颜色有橘黄色、红色、紫色、黄色和青色等。

海星是生活在大海中的一种棘皮动物，它们有很强的繁殖能力，寿命可达 35 年。全世界大概有 1500 种海星，大部分的海星是通过体外受精繁殖的，不需要交配。雄性海星的每条腕上都有一对睾丸，它们将大量精子排到水中，雌性也同样通过长在腕两侧的卵巢排出成千上万的卵子。精子和卵子在水中相遇，完成受精，形成新的生命。从受精的卵子中生出幼体，也就是小海星。

贝壳两侧吸着，由于管足末端吸盘的真空作用，其拉力足以拉开双壳类的壳口，海星会立刻翻出贲门胃插入壳口内，并分泌消化酶，直到闭壳肌及内脏被部分消化，贝壳完全张开，再用胃包围并吞咽食物。

一些有短腕、管足上无吸盘的海星，是以较小的动物如小的甲壳类等为食，在取食时整个将食物吞咽，在胃内消化。

在深海生活的海星则以纤毛过滤取食，靠纤毛作用将落入体表的沉渣有机物等扫入步带沟，形成食物索，再送入口内，如槭海星。又如鸡爪海星，它的胃盲囊内有纤毛，靠纤毛的运动帮助抽吸食物入胃。

[面包海星]

面包海星又称馒头海星，是属于瘤星科的一种海星。一般有 5 条腕足，但腕足特别粗短，区分不明显，与体盘连成一团，形如超大型的菠萝面包或巨蛋面包。其个体的颜色变异颇大，但主要为红、褐色系，体表上会有许多末端为黄色的小突起。

不可替代的环境价值

德国莱布尼茨海洋学研究所曾发表文章：最新研究发现，海星等棘皮动物在海洋碳循环中起着重要作用，它们能够在形成外骨骼的过程中直接从海水中吸收碳。

棘皮动物是生活在海底的无脊椎动物，分为海星纲、海胆纲、蛇尾纲、海参纲和海百合纲 5 类，其身影遍布各大洋。研究发现，棘皮动物会吸收海水中的碳，以无机盐的形式形成外骨骼。它们死亡后，体内大部分含碳物质会留在海底，从而减少了从海洋进入大气层的碳。通过这种途径，棘皮动物大约每年吸收 1 亿吨的碳。

此前已知，燃烧化石燃料产生的温室气体进入海洋后，海水酸性会上升，伤害珊瑚礁和贝类。研究人员发现，酸性海水对棘皮动物的侵害也非常严重，使这类生物无法形成牢固的含钙外骨骼。

令人惊叹的天然监视器

浑身都是棘皮的海洋动物——海星有着奇特的星状身体，它的盘状身体上通常有 5 只长长的触角，但看不着眼睛。人们总以为海星是靠这些触角识别方向，其实不然。美国和以色列两国科学家的研究发现，海星浑身都是"监视器"：海星能利用自己的身体洞察一切。

原来，海星在自己的棘皮皮肤上长有许多微小晶体，而且每一个晶体都能发挥眼睛的功能，以获得周围的信息。科学家对海星进行解剖发现：海星棘皮上的每个微小晶体都是一个完美的透镜，已知它的尺寸远远小于人类利用现有高科技制造出来的透镜。海星棘皮中的无数个透镜都具有聚光性质，这些透镜使海星能够同时观察到来自各个方向的信息，及时掌握周边情况。

在此之前，科学家以为海星的棘皮具有高度感光性，它能通过身体周围光的强度变化决定采取何种隐蔽防范措施，另外还能通过改变自身颜色达到迷惑"敌人"的目的。科学家说，海星身上的这种不寻常的视觉系统还

[太阳海星]

太阳海星的体盘大而圆，有 8 ~ 10 条红色或橙色的腕，大的个体辐径达 190 厘米，间辐径约为 7.5 厘米，背板为网状，板上有大小不等的圆形、椭圆形或平顶的伪柱体，各伪柱体上有一个乳头状的中央突起和 10 ~ 30 个颗粒边缘小棘。

是首次被发现。科学家预测，仿制这种微小透镜将使光学技术和印刷技术获得突破性发展。

迷惑众人的海星分身术

海星是海洋食物链中不可缺少的一个环节。它的捕食起着保持生物群平衡的作用，如在美国西海岸有一种文棘海星时常捕食密密麻麻地依附于礁石上的海虹。这样便可以防止海虹的过量繁殖，避免海虹侵犯其他生物的领地，以达到保持生物群平衡的作用。

海星的绝招是它分身有术。海星的腕、体盘受损或自切后，都能够自然再生。海星的任何一个部位都可以重新生成一个新的海星。若把海星撕成几块抛入海中，每一块碎块会很快重新长出失去的部分，从而长成几个

[长棘海星]

长棘海星又名棘冠海星，生活在浅海等有珊瑚礁的水域。栖息于印度洋－西太平洋区热带珊瑚礁环境，主要食物是珊瑚，偶尔会以贝类或其他海参为食。棘冠海星全身长满毒棘，其毒为神经毒素。

完整的新海星。例如，沙海星只要保留 1 厘米长的腕就能生长出一个完整的新海星，而有的海星本领更大，只要有一截残臂就可以长出一个完整的新海星。

由于海星有如此惊人的再生本领，所以断臂缺肢对它来说是件无所谓的小事。如今科学家们正在探索海星再生能力的奥秘，以便从中得到启示，为人类寻求一种新的医疗方法。有科学家发现：当海星受伤时，其后备细胞就被激活了，这些细胞中包含身体所失部分的全部基因，能够和其他组织合作，重新生出失去的腕或其他部分。

爱好打扮的动物

海獭

根据动物学家的研究，海獭是由栖息于河川中的水獭在大约 500 万年前移居海边并进化成海兽的。因此，海獭并不像已在海水中生存 3500 万年的老前辈海狗那样善于潜水，同时也缺乏一层厚厚的皮下脂肪以抗寒。海獭的身上长有动物界中最紧密的毛发，每平方厘米有 300 多万根毛发。

海獭（tǎ）头部较短而宽阔，口鼻部较为短钝，上唇与脸颊相当发达，覆有浓密的硬须，后脚掌大而呈鳍状，有蹼，前掌呈圆形。通常独自行动或组成小群体，有时会形成 12 只或以上的族群在近岸的海面或海藻床上漂浮，此时它们通常会以海藻包裹住身体或直接在海藻上躺平。虽然在食物充足与海藻丛茂密的地区，海獭多半会组成数只至数打或以上的群体，但其社会性不强，成年雄性海獭通常会离群独自行动。

海獭大部分的时间都在水中度过，不过部分个体有时会爬上岩石海岸或砂砾海岸，以及冬季积雪的海滩。小海獭经常发出叫声，其呼唤母亲的叫声频率高而尖锐，就算在嘈杂的岸边也可传至 100 米以外的地方。海獭在海面上相当容易辨认，因为它们经常腹部朝上，躺在海面睡觉或整理毛皮。

整理毛皮对海獭而言是相当重要的一件事，因为只有保持毛皮的清洁与防水性，才能使它们的下层绒毛发挥调节体温与防止热量散失的功能，这点在北太平洋与白令海的寒冷水域中特别重要，因而它们被戏称为"爱好打扮的动物"。

[海獭]

海獭属于海洋哺乳动物中最小的种类之一，是食肉目动物中最适应海中生活的物种。它很少在陆地或冰上觅食，大半的时间都待在水里，连生产与育幼也都在水中进行。大部分时间里，海獭不是仰躺着浮在水面上，就是潜入海床觅食，当它们待在海面时，几乎一直在整理毛皮，保持它的清洁与防水性。

别　名：海虎
分布海域：北太平洋的寒冷海域

很多摄影师都会拍到海獭捂住眼睛的照片，有人说它们是为了取暖，因为海獭手心不长毛，感到冷的时候，就会用手捂住眼睛，这未必是事情的真相。

其实这是海獭在清洁自己的身体，并不是爪心怕冷，海獭是很注重清洁的，在吃东西之后都会清洁脸部和身上的毛，这样做对它们有实际的好处：既能帮助它们保持自己皮毛的防水性，也有助于阻隔寒冷。海獭有厚厚的绒毛，可以限制住空气形成绝缘层来保温。

[海獭 母子]

有个更有趣的是，每当成年母海獭需要去深海觅食时，母亲会用大捆海藻把幼崽捆住，用来固定它的身体，以防止小海獭被水冲走。

相爱相杀的海獭伴侣

海獭实行一夫多妻制，雄海獭会在雌性与幼兽附近的水域建立自己的势力范围，在一个繁殖季中可能会与数只雌海獭交配。在交配的过程中，雄海獭经常会咬雌海獭的鼻子，性成熟的雌海獭在繁殖季期间鼻子会充血，较老的雌性会有明显的伤痕。

海獭肚子能撑海鲜船

海獭不但是动物界中特有的最佳毛皮兽，同时也是地球上食量最大的动物之一，通常一天要消耗其体重的 1/3 那么多的海鲜。换句话说，成熟海獭的体重为 20 ~ 30 千克，所以平均每一头一天就要吃 7 ~ 10 千克的海鲜。

海獭的食物依环境条件而有所不同。在岩岸地区，海獭会选择较大型的食物，包含龙虾、海胆与鲍鱼等，以获取最多的能量；在沙质海岸，由于食物较少且较难寻获，海獭也会取食多种穴居的无脊椎动物，如蛤蜊等小型贝类。

在其分布范围内，海獭通常在水深不超过 40 米的海域觅食，而未成年雄性有时会到较深的水域。海獭以使用工具进食而闻名，它们通常会带一块石头到海面，当做锤子来敲开海胆与贝类的硬壳。它们会把猎物平放在胸腹间，然后用圆圆的前掌抓着石头将猎物的壳敲开。

枕浪而眠、以海藻为被

海獭白天觅食，晚上睡觉，但它们不睡在岸边，而是睡在海藻繁茂的地方。海獭睡觉十分有趣。大多数时间海獭会睡在海面。它们会寻找海藻丛生的地方，连连打滚，将海藻缠在身上，枕浪而睡，这种睡觉方式既可抵御敌害威胁，同时也可以防止熟睡后被海浪冲走。在睡觉时海獭彼此间靠得很近，当大群海獭入睡后，总会有几只海獭在周围站岗放哨。值勤的海獭一旦发现情况后，便会发出响亮的尖叫声来唤醒入睡的海獭。

动物界潜水亚军

南象海豹

南象海豹一般在近岸水域以南极鱼为食，是动物界的"潜水亚军"，最深可潜至 2300 米的深海，是仅次于抹香鲸的潜水第二深的动物。

别　　名：无

分布海域：

目前全球共有约 65 万头南象海豹。分布于 3 个地理亚群，最大的亚群在南大西洋，总计超过 40 万头，其中南乔治亚岛大约有 11.3 万头育龄期雌性。其他繁殖地区位于阿根廷的马尔维纳斯群岛和瓦尔德斯半岛。第二个大亚群在印度洋南部，总计 20 万头，3/4 生活在凯尔盖朗群岛，其余生活在克罗泽群岛、马里昂和爱德华王子岛以及赫德岛。有些还生活于阿姆斯特丹岛。第三大亚群约 7.5 万头，活动范围在次南极太平洋塔斯马尼亚和新西兰南部岛屿，主要是麦夸里岛

[南象海豹]

南象海豹在近岸水域以南极鱼为食，在其他地方主要吃头足类。它分为 3 个亚种：南美亚种、南印度洋亚种、新西兰亚种。其属名来自澳洲一个地方名，种名来自拉丁语，狮状，一则因其体大，二则因其吼叫声像狮子，早期人们对多数大型海豹都称作海狮。

南象海豹形状奇特，有一个能伸缩的鼻子，当它兴奋或发怒时，鼻子就会膨胀，并发出很响亮的声音，故名为"象海豹"。由于它们分布在南极周围，其全称被称为"南象海豹"。南象海豹不仅相貌丑陋，而且体色呈灰青色，给人一种"肮脏"之感，不仅是外观，其实南象海豹生性就不大爱讲卫生，特别是每年的换毛季节，它们成群结队地拥挤在长有苔藓植物的岸边泥坑里，弄得身上很脏，满身是泥。但是别看它体型巨大而肥胖，但却十分柔软。头向背、尾方向弯曲可以超过 90 度。

43 <<<

披着彩衣的仙子

鹦鹉鱼

鹦鹉鱼是生活在珊瑚礁中的热带鱼类,因其色彩艳丽、嘴型酷似鹦鹉嘴型而得名。另有一种由美洲慈鲷雄红魔鬼鱼和紫红火口杂交培育成的淡水观赏鱼,因体色鲜红,又称为血鹦鹉。

别　　名:鹦鹉鱼,红鳍鲷,洛神颈鳍鱼
分布海域:琉球群岛、菲律宾、巴布亚新几内亚、帕劳、印度尼西亚与大堡礁、新喀里多尼亚与忠诚岛到大堡礁、东印度洋罗威利浅滩、安达曼海的斯米兰群岛与圣诞岛、西印度洋、红海等地。在我国主要分布在浙江、上海、海南、广东、台湾、广西、福建等地

[鹦鹉鱼]
鹦鹉鱼是比较受水族爱好者喜欢的热带鱼种,有很多变种,其绚丽的色彩、微笑状的嘴唇,萌萌的样子太招人喜欢了。

鹦鹉鱼栖息在礁沙混合区,主要生活在热带和亚热带30～50厘米深的海洋中。幼鱼会模拟海藻碎屑随水流漂动,受惊吓时会躲入沙中,夜晚则潜沙而眠,属肉食性,以小型底栖动物为食,它们的嘴里上下都有一排牙齿,不仅能咬下粗硬的海藻,而且连多刺的海胆也不能幸免。鹦鹉鱼还可以咬动坚硬的珊瑚,甚至连有毒的食物也照吃不误。

鹦鹉鱼本身是没有毒的,只不过鹦鹉鱼的食物中有些是有毒的。鹦鹉鱼体内有分解消化毒素的器官,所以鹦鹉鱼不会被这些毒素伤害。但是如果人们在这时捕获鹦鹉鱼,而它体内的毒素并没有完全清除,那么鹦鹉鱼食物中的毒素就会转嫁给食用鹦鹉鱼的人类。所以,许多渔民都劝贪嘴的食客不要食用鹦鹉鱼。

[蓝颊鹦嘴鱼]

蓝颊鹦嘴鱼为鹦嘴鱼科鹦嘴鱼属的鱼类。分布于印度洋非洲东岸至太平洋西部、印度尼西亚、菲律宾，北达琉球群岛以及南海诸岛等，属于珊瑚礁鱼类。其常见于礁盘及其边缘。

受到惊吓的鹦鹉鱼会变得瘦小，而且颜色会变淡。

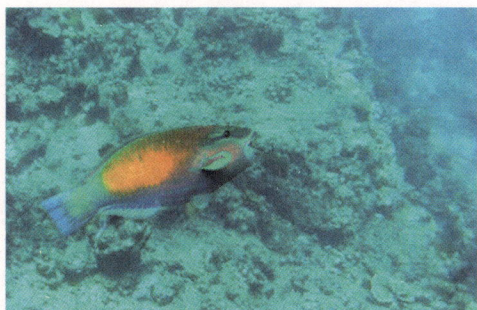

[绿唇鹦嘴鱼]

绿唇鹦嘴鱼体延长而略侧扁。头部轮廓呈平滑的弧形，上侧为橄榄色，下侧有一道蓝绿色线条由上唇向后达鳃盖边缘；上唇分别有一条橙色和蓝绿色色带，下唇则仅有一条蓝绿色色带，因此而得名。

繁殖后代

鹦鹉鱼之间不能繁殖后代，而雌性鹦鹉鱼和某些品种的雄性鱼是可以杂交出后代的。如血鹦鹉是由红魔鬼鱼和紫红火口杂交而成，由于它是不同品种间的杂交种，所以雄性血鹦鹉是不具备生殖能力的。

鹦鹉鱼鱼卵的染色体无法整齐配对，所以母鱼就算产卵也无法孵化，因胚胎不能发育成为仔鱼，所以当鹦鹉鱼产卵后，主人要想办法自己孵卵，用雄性紫红火口、寿星鱼、红魔鬼鱼为鹦鹉鱼鱼卵受精，理论上是可以的。有些雌鹦鹉鱼还能和罗汉鱼杂交。鹦鹉鱼在繁殖后代的时候，雄鱼先撒下精子。然后，雌鱼在精子的中央播撒卵子。这种繁殖方式只能使一部分卵受精，而它们之中只有很少的一部分才能成为幸运儿。

珍贵的观赏以及生态价值

鹦鹉鱼是一种在热带海洋的珊瑚礁中生活的色彩鲜艳的热带鱼，它们身上有美丽的斑斓色彩，就像鹦鹉五彩的外衣，是观赏价值很高的一种鱼类。其体形近似球形或卵圆形，背圆、尾鳍发达，全身几乎为血红色，长着可爱的三角嘴，总似笑不合口，因此深受鱼迷们喜爱。

鹦鹉鱼对珊瑚礁的健康成长贡献巨大，因为鹦鹉鱼一天90%的时间都在吃依附在珊瑚礁上的海藻。除此之外，鹦鹉鱼还会排泄出沙，所以鹦鹉鱼在珊瑚礁生态系统中扮演了相当重要的"珊瑚转换成沙"的角色。

全身长满荆棘的毛球

海胆

海胆体形呈圆球状，就像一个个带刺的紫色仙人球，因而有"海中刺客"之称，渔民也常把它称为"海底树球""龙宫刺猬"。

海胆大多生活于海底，喜欢栖息在海藻丰富的潮间带以下的海区礁林间或石缝中，以及坚硬沙泥质浅海地带，具有避光和昼伏夜出的特性。海胆特别爱吃海带、裙带菜以及浮游生物，也吃海草和泥沙，因此海胆是藻类养殖业的天敌。有些鱼类会在海藻上产卵，所以，它们也是鱼类的敌人。海胆天生胆小，只要一见到敌人就会逃跑，但是海胆不能很快地移动。

海胆会随着摄食而移动：若食物丰富，每天海胆可能只移动10厘米；若食物稀少，则每天可以移动超过1米。海胆的移动是靠透明、细小、数目繁多及带有黏性的管足及棘刺来进行的。它的管足在运动时与海星相似，可以抓紧岩石，而位于底部的棘刺则是把海胆的身体抬起，以帮助海胆随意地运动。它们移动时可以随时以步带的方向作为前导，不用转头。当海胆被反转时，它的棘刺及管足可以把它翻正。

逃避光线、享受黑暗的夜行军

海胆的棘刺、叉棘及管足上有很多感应细胞，以探测外界的资讯，包括食物的来源、光线的强弱、水流强弱、水质的好坏等。海胆目动物口部的管足、心形海胆全身的管足与沙钱在口面的管足都是重要的感应器官。海胆虽然没有眼睛，但在反口面的表皮细胞中有眼点及感光细胞，对光线非常敏感。大多数的海胆，如魔鬼海胆都

[海胆]

别　　名：刺锅子、
　　　　　海刺猬
分布海域：世界各地的
　　　　　海洋

从学术上讲，海胆是没有眼睛的。但是，它们懂得用刺来"看"东西。美国杜克大学的一项研究表明，海胆很明显可以根据它们的刺所反射的光线来判断周围的事物。在实验中，研究人员将 20 只海胆放入一个有光线照射的水箱中，其中包括两个不同尺寸的黑色圆盘。研究人员发现，海胆对小圆盘几乎没有任何反应。但是，当光线照射到较大圆盘时，海胆会随着光线强度的不同而做出不同的反应。一些海胆会尽快逃离较大圆盘，而另外一些则反而靠近较大圆盘。

[马粪海胆]

因外形似马粪，所以"马粪海胆"这个名字就传开了，但这无关乎其美味。马粪海胆早就成为日本人和韩国人的桌上佳肴，据说当他们以刺身招待客人的时候，如果没有马粪海胆，就有怠慢客人之嫌。然而，我国市场对海胆的认识程度却比较低，更不用说马粪海胆了。其实，它的营养价值很高，堪与海参、鲍鱼媲美，不仅富含蛋氨酸和不饱和脂肪酸，而且味道异常鲜美，还有药用价值。

是负趋光性的，即不喜欢光线，多在夜间行动。另外，海胆为了躲避光线，在日间也会用管足抓着贝壳、藻类或珊瑚碎片，甚至罐头的拉环等遮蔽其身体，以方便觅食。

有趣的繁殖现象

绝大多数的海胆都是雌雄异体的，海胆的 5 个生殖腺位于体腔的步带区，贴近硬壳内缘且连在体腔壁上，它们会将精子及卵子排到海水中受精。例如，沙钱在生殖孔附近有细长的生殖疣足，把精子及卵子送到沙面，协助增加受精机会。

海胆是群居性动物，在繁殖上，它们有一种奇特的现象：在一个局部海区内，一旦有一只海胆把生殖细胞，无论精子或卵子排到水里，就会像广播一样把信息传给附近的每一只海胆，刺激这一区域所有性成熟的海胆都排精或排卵，这种怪现象被形容为"生殖传染病"。

十分宝贵的药用价值

海胆卵所含的脂肪酸对预防某些心血管疾病有很好的作用。中医认为海胆卵味咸，性平，具有软坚散结、化痰消肿之功效。海胆死后极易变质。同时，海胆壳还可制成工艺品，有些厂家还开发海胆食品，把海胆制成冰鲜海胆、酒精海胆和海胆酱等。此外，海胆提取物波乃利宁有抑制癌细胞生长的作用。

海胆含有海胆毒素，其作用各不相同，有的对动物的红细胞有溶解作用，并能引起心脏的激活和使肌肉对外直接性刺激不起反应。喇叭毒棘海胆毒素，能使青蛙心脏周围的血管产生暂时收缩，对平滑肌有明显收缩作用，胰凝蛋白酶能使其失去活性。此毒素是一种肽式蛋白质，对平滑肌具有激肽的行为。

残忍的猎食者

锯鳐

锯鳐以其吻锯而闻名于世，其尖尖的吻锯用于发掘底层生物或在鱼群中挥舞，残杀或击伤群鱼。

锯鳐的吻平扁狭长，如剑状突出，边缘有坚硬吻齿，无鼻口沟，有鳃孔 5 个，腹位，位于胸鳍基底内侧。它们有 2 个背鳍，无硬棘；胸鳍前缘伸达它们的头侧后部；尾巴粗大，尾鳍发达；奇鳍与偶鳍的辐状软骨后端有很多角质鳍条。

[锯鳐]

据悉，锯鳐最长可达 7 米左右。由于人们的过度捕捞，美国政府在 2003 年就已将锯鳐列为濒危物种。

锯鳐使用巨大的"锯"像耙子一样筛滤水底沙子寻找食物。但事实上锯鳐并不是行动迟缓的水底居民，它们是残忍的猎食者，能够在水中将猎物身体切成两半，就像人类剑士一样。

锯鳐栖息在浅海，有些进入江、河、湖泊甚至定居于淡水中并进行繁殖。锯鳐通常在海水和淡水中交替生活，而澳大利亚的淡水锯鳐则完全栖息在河口或河流上游，距离海洋有 100 千米之远。

2015 年，有科学家发现野生的栉齿锯鳐能在自然环境中繁殖，这是迄今发现的第一个脊椎动物在自然环境中进行无性繁殖的例子。

别　　名：无
分布海域：世界热带
　　　　　及亚热带
　　　　　浅水区

锯鳐的生长速度较慢，产下的幼体极易受其他食肉鱼类的攻击，加上人类的过度捕捞以及环境污染，因此其数量正急速减少。以前曾广泛生活在地中海和大西洋东部的锯鳐如今已在欧洲海域完全消失。

野生锯鳐的数量下降与它们的"大锯"存在一定的关系，因为当渔民捕鱼时很容易将渔网缠结在它们的"大锯"上，使它们难以逃离。

跳跃高手

鲑鱼

三文鱼的学名为鲑鱼，是世界著名的经济鱼类之一，也是西餐中较常用的鱼类原料之一。在不同国家的消费市场，三文鱼涵盖不同的种类：挪威三文鱼主要为大西洋鲑，芬兰三文鱼主要是养殖的大规格红肉虹鳟，美国的三文鱼主要是阿拉斯加鲑鱼等。

别　　名：三文鱼、鲑鳟鱼、撒蒙鱼、萨门鱼

分布海域：太平洋北部及欧洲、亚洲、美洲的北部地区……

[生三文鱼]

三文鱼是世界名贵鱼类之一。鳞小刺少，肉色橙红，肉质细嫩鲜美，口感爽滑，既可直接生食，又能烹制菜肴，是深受人们喜爱的鱼类。同时，由它制成的鱼肝油更是营养佳品。

三文鱼是世界范围内的经济食用鱼，要说起关于它的繁衍故事，只能用悲壮来形容。

在三文鱼溯河产卵洄游期间，需要跳越小瀑布和小堤坝，经过长途跋涉，千辛万苦才能到达产卵场。三文鱼行进的过程是逆流而上的，而且每行进一个阶段就有一个层梯式的"增高"。到一个"层梯"，就好比我们上台阶一样，需要迈步向上。而鱼只能靠身体不停地跳跃，才可能到达下一层梯。

在这些台阶上面，会有许许多多即将冬眠、需要补充食物的熊。这些熊会叼住因跳起而露出水面的鱼儿，所以也会有许许多多的三文鱼死于熊逐渐肥大起来的肚子里。只有经历过层层难关后，三文鱼才可以抵达最上游的一个平静的湖面产卵。产卵后，三文鱼会死亡，结束它的一生。

三文鱼肉中含有丰富的不饱和脂肪酸，能有效降低血脂和血胆固醇，防治心血管疾病，每周两餐，就能将因心脏病而死亡的概率降低 1/3。三文鱼还含有一种叫作虾青素的物质，它是一种非常强力的抗氧化剂。其所含的 $\Omega-3$ 脂肪酸更是脑部、视网膜及神经系统所必不可少的物质，有增强脑功能、防止老年痴呆和预防视力减退的功效；三文鱼能有效地预防诸如糖尿病等慢性疾病的发生、发展，具有很高的营养价值，享有"水中珍品"的美誉。

会爬树的鱼

跳鱼

跳鱼的习性狡猾，弹跳力极强，喜欢在潮水退后的海滩上跳跃，由于其身上有淡蓝色花斑，故又名花跳鱼。

[跳鱼]

跳鱼主要生活在滩涂上，在滩地上挖出深达一两米的洞穴居住。平时在滩面上觅食、玩耍、寻求配偶。它们的感觉灵敏，擅长跳跃，自身保护性强。一有情况，就会马上进洞，不易被捕捉。

跳鱼的全身黝黑，大头、宽鳃、圆脑袋，两只滴溜溜的眼睛长在头顶上，显得突出、机灵。在发情时，跳鱼张开的背鳍如同一把有图案的蓝绿色小折扇。跳鱼在夏季交配产卵孵出小鱼，小鱼一般到秋冬长大成鱼，成鱼体重 25 克左右。它属两栖鱼种，可以在水里吸氧，也可以呼吸空气。在涨潮时，它们会钻入洞穴休息，退潮后马上出洞活动，要是一整天不出水，就会憋死。

别　　　名: 花跳鱼、跳跳鱼、大弹涂鱼

分布海域: 非洲西岸、印度、太平洋水域、新赫布里底群岛热带及亚热带近岸浅水区；在我国主要分布于南海及东海，以及广东的珠江口、雷州湾等地

以滩涂为家的鱼

跳鱼生活于近海沿岸及河口高潮区以下的滩涂上，在晴天出穴跳跃动于泥滩上觅食，以滩涂上的底栖藻类、小昆虫等小型生物为食。由胃含物分析结果可知，跳鱼以食附着性的矽藻类为主。

退潮后，跳鱼常常要面临着被鸟和各种陆生哺乳动物捕食的危险，地下洞穴则为它们提供了一个安全环境。涨潮后，跳鱼可躲到自己挖的洞穴内以躲避到浅海滩来

在洞口跳求偶舞的跳鱼]

跳鱼洞的形状就像一个"J"字，洞内上面较低的
那一层是它们的产卵室，用来储存它们的卵。

越溪跳鱼是浙江省宁波市宁海县越
溪乡的特产，被本地人称为弹涂鱼，营
养价值很高，被喻为"水中人参"，是
宁海小孩子开荤的首选。宁海本地有着
"吃跳鱼开荤、小孩子摔倒头不着地"
的习俗。民间也有"开荤娃娃吃跳鱼，
一世生活有富余"的说法。开荤仪式既
继承了宁海的传统习俗，又对宝宝有着
美好的寓意和期望，蕴含着父母对孩子
美好的祈福。

"月子"跳鱼美食]

民间有句谚语叫作"跳鱼有来笋有去"，意思是
说应当礼尚往来。

觅食的各种食肉鱼类的攻击。除了用作避难所外，
跳鱼的洞穴还可用作抚育室。洞穴对于跳鱼的安全
至关重要，但是跳鱼的洞穴同样也面临着危险——
洞里的水体常常严重缺氧。对此，雌鱼和雄鱼会不
断地轮流吞食空气，将其注入它们的洞中，以便建
造一个地下空气包，缓解氧气不足的状况。

备具特色的求爱舞蹈

每到春季，雄跳鱼就会寻找合适的地面划分各
自的势力范围，然后在泥地上挖一个两米左右深的
洞。挖好洞后，雄跳鱼就开始四处寻找配偶。

退潮后，雄跳鱼开始在雌跳鱼面前跳求偶舞，
以此来引诱雌跳鱼。为了增加诱惑力，雄跳鱼常常
将身体从土褐色变成较浅的灰棕色，以此与黑黝黝
的泥土形成反差。

雄跳鱼为了引起雌跳鱼的注意，会通过往嘴、
鳃腔充气而使头部膨胀起来，同时它还会通过将背
弯成拱形，竖起尾鳍，不断扭动身体这些挑逗性动
作来引诱雌跳鱼。

高能量、低脂肪的月子餐

跳鱼是海产珍品，富含蛋白质、碳水化合物和钙、
磷、铁以及多种维生素，具有生精补血，滋阴壮阳
之功效。

坐"月子"的妇女、病人和交冬时节吃补都宜
吃跳鱼。常食跳鱼对肝炎、水肿、湿热、痔疮等具
有明显疗效。跳鱼所含胆固醇、脂肪少，而且含有
"十六碳烯酸"，这种物质能够保护血管，是老年
人和高血压患者的理想食品。如是是死跳鱼，不宜煮、
炖吃，可红烧或晒成鱼干吃。跳鱼还是最佳的馈赠品，
而在海边人家婆媳妇定亲的礼品中绝不能少了一份
活蹦乱跳的大跳鱼。

海中花蝴蝶

蝴蝶鱼

蝴蝶鱼色彩艳丽，姿态高雅，是海水观赏鱼类中最主要的成员之一。由于蝴蝶鱼是终身单一配偶，因此经常看到两条在一起。如果两条蝴蝶鱼面对面在一起则很像一只色彩斑斓的蝴蝶。

蝴蝶鱼的种类超过 200 多种，分布在全世界珊瑚礁海区或浅海一带。其中月光蝶是一种迷人至极的鱼，在自然海域中，以珊瑚虫为食，也吃丝藻及水底的无脊椎动物。红尾蝶非常美丽，普遍健壮，不挑食，几乎对各种各样的食物都来者不拒。曙光蝶大多散布于整个印度洋，尤其是红海海域，它们的适应能力很强，可以很好地适应水族箱的生活。曙光蝶同样是什么都吃，而且喜欢吃丰年虾。黑白关刀以浮游性的甲壳生物为食，即使是其他许多蝴蝶鱼看了就会扭头就走的薄片饲料，它们也会甘之如饴，它们精力旺盛，天性喜欢打架争斗。

挑选蝴蝶鱼有以下技巧：首先，在没受惊吓情况下，呼吸正常的蝴蝶鱼才是优质的。其次，优质蝴蝶鱼的眼睛是清澈透明的，长得精神且四处张望。从鱼身上看，优质蝴蝶鱼表面光滑，鱼鳞紧贴而且鱼嘴没有红肿；最后从游泳姿势上说，背鳍、胸鳍及尾鳍要完好无缺；泳姿稳定，众鳍活动正常。

蝴蝶鱼的嘴既尖且小，这有利于它们在自然环境中啄食的习性。在饲养它们时，可以偶尔给它们一些虾肉、墨鱼碎、蚬肉等饲料，一旦发现蝴蝶鱼有厌食情况，更要给它们多一些的选择。尤其要注意的是：蝴蝶鱼很喜欢啄食其他鱼的伤口，这会给受伤的鱼带来更严重的感染，使伤口恶化。因此，若有受伤的鱼儿，应尽快将其与蝴蝶鱼隔离。

别　　名：无
分布海域：太平洋、印度洋以及南海

[蝴蝶鱼]

海洋中飞行的蝙蝠

蝠鲼

蝠鲼是鳐鱼中最大的种类。蝠鲼背部的黑白花纹酷似人类头骨，看上去像骷髅，在海底深处让人十分惊悚，被称为"水下魔鬼"。蝠鲼十分罕见，在海中优雅飘逸的游姿与夜空中飞行的蝙蝠十分相似。

别　　名：魔鬼鱼、毯魟
分布海域：热带和亚热带
　　　　　的浅海区域，
　　　　　我国福建、浙
　　　　　江和黄海一带
　　　　　…

蝠鲼的英文名称"manta"源于西班牙语，意为毯子，因其在海中优雅飘逸的游姿与夜空中飞行的蝙蝠相仿，故得名蝠鲼。第一次见到蝠鲼的人总会因它"异形"般的外表而不知所措，它很难令人将其与正统的鱼类联想到一起。其实，这种古老的鱼类早在中生代侏罗纪时便出现在海洋中了。1亿多年间，它们的外表几乎没有发生什么变化。

蝠鲼在游泳时会扇动着三角形胸鳍，拖着一条硬而细长的尾巴，像在水中飞翔一样。蝠鲼成鱼的体长可达7米，体重有5000千克，可是它能进行一种旋转状的跳跃。随着旋转速度越来越快，蝠鲼迅速上升，跳出海面。蝠鲼一般能跳出水面1.5米。在繁殖季节，蝠鲼有时用双鳍拍击水面，跃起在空中翻筋斗。

[魔鬼鱼]

蝠鲼的头鳍并不是装饰品，它起着筷子的作用：通常它是用来捕食微生物及浮游生物的，头鳍可以帮助形成水流，使微生物顺着水流顺利滑入口中。

蝠鲼不像传统鱼类那样有纺锤形的身体，它们没有背鳍，其宽大的三角形胸鳍和圆盘一样的身体构成了巨型扁片状躯体，宛若一只"海中风筝"。它们的皮肤摸起来远没有看上去那么光滑，背面多为黑色或灰蓝色，腹面灰白色且散布着零星的深色斑点。其巨大的胸鳍在形态和功能上与鸟类的双翼相似，两个胸鳍间的距离称为"翼展"，即为体宽，长度大于其体长，这是衡量蝠鲼体型大小和鉴定种类的标准。

据专家介绍，蝠鲼在海洋中已有 1 亿多年历史，为原始鱼类的代表，虽然它们都是大家伙，但它们主要以浮游生物和小鱼为食，经常在珊瑚礁附近巡游觅食且性情温和。虽然它们没有攻击性，但是在受到惊扰的时候，它们的力量足以击毁小船。

据英国《每日邮报》报道，巴西水下摄影师爱德华多·皮涅罗曾在墨西哥雷维利亚希赫多群岛潜水时抓拍到一只蝠鲼，其背部有黑白相间的奇特图案，酷似人类头骨。

从生物分类学上来说，蝠鲼和鲨鱼同属软骨鱼纲，算是近亲，但蝠鲼没有鱼类那种纺锤形的身体，它们的背鳍退化，身体扁平，有强大的类似翅膀的三角形胸鳍。当它们游动时，其特有的胸鳍会如翅膀般展开，上下扇动，悠闲自在。

美丽的游泳姿势

当蝠鲼游泳时，头鳍会向着前方从下向外卷成角状，它们有时会成群游泳，雌雄常偕行。主要食浮游甲壳动物，其次食成群的小型鱼类。它们的鳃耙多角质化，呈一系列羽状筛板，起滤水留食作用。

虽然像珊瑚三角区这样的珊瑚礁区域仅占全球海洋的极小部分，但它们却是世界上 1/4 海洋生物的家园，如蝠鲼。蝠鲼是鳐鱼家族中个头最大的成员，它们通常以珊瑚礁周围的生物为食。

[蝠鲼]

蝠鲼属于软骨鱼纲，也就是说它们的身体都是软骨组织，肉多而无刺，因此很多蝠鲼被猎杀，成为餐桌上的美食，现在蝠鲼已被列为濒危物种，在很多地方都建立了保护区。

水中魔鬼的恶作剧

蝠鲼的个头和力气常使潜水员害怕，因为一旦它们发起怒来，只需用它们那强有力的"双翅"一拍，就会碰断人的骨头，置人于死地。蝠鲼的习性也十分怪异。它们性情活泼，常常搞些恶作剧。有时它们故意潜游到

[魔鬼鱼城]

魔鬼鱼城是位于大开曼岛海峡北部的一系列浅水湾。当数十年前渔民在这里抛下鱼类内脏和血水时，魔鬼鱼就开始在这里聚集。现在这里已经成为一处旅游胜地，游客们可以近距离地接触这些魔鬼鱼。

从蝠鲼摄食的方式也能看出它们的非凡智慧：当浮游生物分散时，蝠鲼会张开大嘴在水中穿梭捕食；当浮游生物聚集时，它们就采用"气旋式摄食"；而当食物在海底沉积时，它们会张开前鳍，让头紧贴着海底游动摄食；成群的蝠鲼摄食效率更高，它们扇动着翅膀，上上下下来回游动，将大量食物卷入口中。

在海中航行的小船底部，用体翼敲打着船底，发出"呼呼，啪啪"的响声，使船上的人惊恐不安；有时它们又跑到停泊在海中的小船旁，把肉角挂在小船的锚链上，把小铁锚拔起来，使人不知所措；它们还会用头鳍把自己挂在小船的锚链上，拖着小船飞快地在海上跑来跑去，使渔民误以为这是"魔鬼"在作怪，这实际上是蝠鲼的恶作剧。

凌空飞跃的专属绝技

蝠鲼最具特色的一个习性就是它那"凌空出世"般的飞跃绝技。

经科学家观察发现，蝠鲼在跃出海面前需要做一系列准备工作：在海中以旋转式的游姿上升，接近海面的同时，转速和游速不断加快，直至跃出水面，时而还会伴以漂亮的空翻。最高时，它们能跳 1.5～4 米，落水时发出"砰"的一声巨响，场面优美壮观。

对蝠鲼的最新研究表明，它们的大脑与身体大小比例在软骨鱼类中是最高的，这个比例和一些鸟类或哺乳动物相近。也就是说蝠鲼有很强的机动灵活性和逐步增加的社交及认知能力。潜水者举出不少例子：当蝠鲼被鱼线缠住时，它们会配合和接受救援工作，有些受伤的蝠鲼甚至会主动求助。

蝠鲼的滑翔有时是因为独子被欺，有时是受到敌害的追击，有时可能是身上有寄生虫在作怪，它被折磨得受不了。雌蝠鲼非常爱护自己的独子，它们不像别的鱼，一次产卵就有几千几万粒，像翻车鱼，可以说是鱼类中的高产能手，一次产卵可达 3 亿粒。雌蝠鲼不产卵，它是卵胎生的，这在鱼类中又是少有的事。它每次只生一胎，无怪乎它要宠爱独子了。

海洋里的一把火

火焰贝 ···

火焰贝总是藏身在洞穴，非常罕见。其中间肉体部分有两条发光体，好像霓虹灯在闪光，令人惊艳。

火焰贝居住在岩缝阴暗处，滤食一些浮游生物，以植物性浮游生物为主。在南太平洋有数量众多的火焰贝，爱好潜水者常专程前往欣赏。火焰贝的贝壳里面呈红色，触须呈红色或白色，它们的贝壳极其美丽，壳口处有许多火焰般的触手，内部还闪着幽兰色的电光，在两壳张开时，壳内的外套膜会呈火红色，壳内唇肉部也有蓝色闪光。

火焰贝会利用小石子或珊瑚碎片建立一个巢穴。它们生活在海底，平时利用两片贝壳一开一合进行迁移。当受到威胁时，它们会通过开合壳推动水流逃走，并用触须作辅助。火焰贝能与不吃它的任何生物相处融洽，可以成群饲养。火焰贝是滤食性的，在水族箱中过滤小型浮游生物为食物，因此最好放入成熟的生态缸，在饲养时需要适度的钙含量和酸碱度，不能忍受高硝酸盐环境或含铜药物。

火焰贝会跳跃式奔跑，放入缸中后，它们很快就会跳到石缝中，还可以倒悬在石头上，原来它们靠分泌足丝可以将贝壳固定，其外套膜边缘如触手状的延伸物犹如摇曳的火苗，在外套膜边缘经常可以看到像电流一样的蓝光在来回流动。

火焰贝对光线很敏感，跳到石头缝中后就会很少出来了，踪影难觅。

［火焰贝］
火焰贝中间肉体部分有两条发光体，好像霓虹灯在闪光，令人惊艳。南太平洋的火焰贝数量很多，爱好潜水者常专程前往欣赏。

别　　名：闪电贝
分布海域：加勒比海

水母是常见的浮游生物，现在不单在海洋馆里可以见到，甚至有些卖家制作出瓶装的水母供消费者购买、饲养。

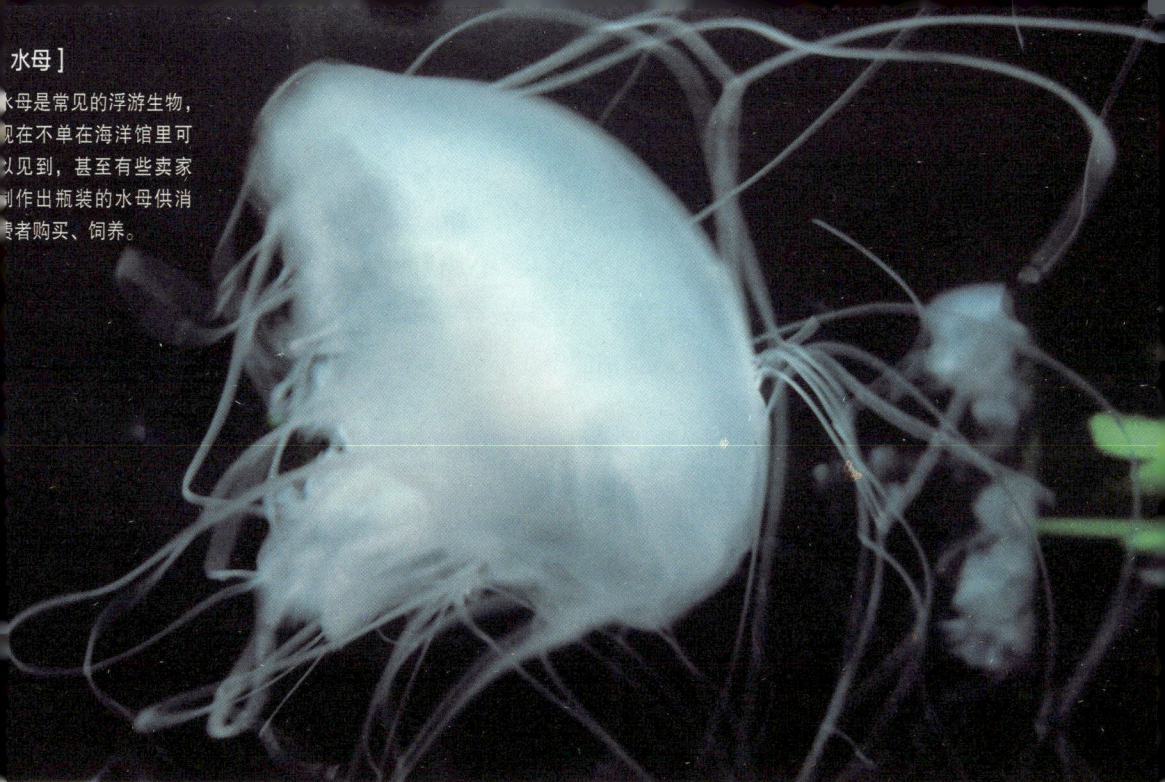

海洋中的美丽雨伞

水母

水母是一种非常漂亮的海洋生物。它的身体外形就像一把透明伞，伞状体的直径有大有小，大水母的伞状体直径可达 2 米。水母早在 6.5 亿年前就存在了，它们的出现甚至比恐龙还早。在全世界的水域中有超过 250 余种的水母。

别　　名：海蜇
分布海域：热带的水域、
　　　　　温带的水域、
　　　　　浅水区

不同的水母有不同的形态，水母身体的主要成分是水，其体内含水量一般可达 98% 以上，并由内外两胚层所组成，两胚层间有一个很厚的中胶层，不但透明，而且有漂浮作用。它们身体的其他部分则是蛋白质和脂质，所以水母的身体呈透明状。它们在运动时，会利用体内喷水反射前进，就好像一顶圆伞在水中迅速漂游。

水母的伞状体内有一种特别的腺，可以发出一氧化碳，使伞状体膨胀。水母触手中间的细柄上有一个小球，里面有一粒小小的听石，这是水母的"耳朵"。由海浪和空气摩擦而产生的次声波会冲击听石，刺激着周围的神经感受器，使水母在风暴来临之前的十几个小时就能够得到信息，从海面一下子全部消失了。

有些水母不单颜色多变，而且还会在水中发光，有些闪耀着微弱的淡绿色或蓝紫色光芒，有的还带有彩虹般的光晕，当它们在海中游动时，就变成了一个光彩夺目的彩球。水母发光靠的是一种叫埃奎明的奇妙的蛋白质，这种蛋白质和钙离子混合时，就会发出强蓝光。

当裸露的肢体碰到水母触手时，有时候会有数以千计的刺细胞附着到皮肤上，但并不是所有的刺细胞都会"发射"毒液。刺细胞中的毒液是水母麻痹和杀死猎物的终极武器。不过对人类来说，大部分水母的蜇伤并不致命，一般会造成疼痛和皮疹，严重时会发烧和肌肉痉挛。被水母蜇到后不要乱动，并且要抑制住用手去触碰和摩擦蜇伤部位的冲动，否则只会让更多的刺细胞释放出刺丝和毒液。

相互依靠的共生关系

水母没有呼吸器官与循环系统，只有原始的消化器官，所以捕获的食物立即在腔肠内消化吸收。水母的共生伙伴是一种俗名为小牧鱼的双鳍鲳，它们可以随意游弋在水母的触须之间。遇到大鱼游来时，小牧鱼就会游到水母巨伞下的触手中间，当作一个安全的"避难所"，利用水母刺细胞的装置，巧妙地躲过了敌害的进攻。

有时，小牧鱼甚至还能将大鱼引诱到水母的狩猎范围内使其丧命，这样就可以吃到水母吃剩的零渣碎片。小牧鱼行动灵活，能够巧妙地避开毒丝，不易受到伤害，只是偶尔也有不慎死于毒丝下的。水母和小牧鱼一起共生，相互为用，水母"保护"了小牧鱼，而小牧鱼又吞掉了水母身上栖息的小生物。

水母蜇伤后的自救：如果水母的触手依然挂在皮肤上，可以试着将其弄下来，或者想办法使其失去活性——做这些的时候要保证伤者不要乱动；接下来用海水冲洗蜇伤的部位，以抑制皮肤上未发射的刺细胞的活性；有条件的话，还可以用小刀或者剃须刀、卡片之类的东西，分离掉皮肤上的刺细胞。在刮刺细胞之前用剃须泡或者肥皂泡沫进行涂抹效果会更好。刮掉刺细胞之后，重新用醋或盐水涂抹，或者用海水冲洗。最后让蜇伤部位自然干燥，可以服用一些抗组织胺药物，如苯海拉明，或者涂抹氢化可的松乳膏，以减少瘙痒和肿胀感。后续的处理中，需要每天清洗开放的创口，并涂抹抗生素软膏以防止细菌感染。大多数水母蜇伤的疼痛感在处理之后10分钟内开始消退，24小时内基本消除。一定要确保完全移除刺细胞。可以使用冰袋来止痛并抑制肿胀。

[水母]

即使是已经死掉的水母，其触手也会射出刺细胞，因此不要随意玩弄被冲到海滩上的水母。

一般的水母蜇伤，如果伤口面积较大（超过手臂或大腿面积一半以上），或者是蜇到面部、生殖器等敏感部位，最好马上寻求紧急医疗救助。在其他情况中，要随时注意异常症状的出现，如呼吸困难、胸部疼痛、吞咽困难、声音改变、失去意识、咽喉肿痛、晕眩、心跳异常、突然无力、恶心、肌肉痉挛等。如果发生这些反应，应马上送医急救。

美丽却凶猛的水母

水母美丽却凶猛。在其伞状体的下面，那些细长的触手是它们的消化器官，也是它们的武器。在触手的上面布满了刺细胞，像毒丝一样，能够射出毒液，猎物被刺蜇以后，会迅速麻痹而死。触手就将这些猎物紧紧抓住，缩回来，用伞状体下面的息肉吸住，每一块息肉都能够分泌酵素，迅速将猎物体内的蛋白质分解。水母一旦遇到猎物，从不轻易放过。当被水母蜇伤，发生呼吸困难的现象时，应立即进行人工呼吸或注射强心剂，千万不可大意，以免发生意外。

在炎热的夏天里，当人们在海边游泳时，有时会突然感到身体的前胸、后背或四肢一阵刺痛，有如被皮鞭抽打的感觉，那准又是水母作怪在刺人了。不过，一般被水母刺到，只会感到灸痛并出现红肿，只要涂抹消炎药或食用醋，过几天即能消肿止痛。但是在马来西亚至澳大利亚一带的海面上，有两种分别叫作曳手水母和箱水母的，其分泌的毒性很强，足以致人于死地。

威猛而致命的水母也有天敌，棱皮龟就可以在水母的群体中自由穿梭，轻而易举地用嘴扯断它们的触手，使其只能上下翻滚，最后失去抵抗能力，成为海龟的一顿"美餐"。

自然的礼物——水母灯具

美国"惊奇水母"公司用自然死亡的水母尸体和树脂，制作出能够在夜间发光的灯具，已推向市场。不同种类的水母颜色各不相同，水母彩灯的制作也是基于其颜色的多样性特点。彩灯制作起来很简单：待水母自然死亡后清洗干净，放置于液态氮的环境中冷冻定型，之后用环氧树脂在水母周围包裹一圈，这种结晶状的树脂材料十分特殊，可以防止水母腐烂，也具有抗摔打的特性。另外，根据水母本身的颜色，可在环氧树脂上涂上色彩亮丽的颜色，白天看上去十分漂亮。这种彩灯不需要特别充电，因为水母体内本身具有一种特殊的蛋白质，这种蛋白质有吸光性，白天放置在光照中水母会自动积聚光照，待晚上夜幕降临时水母就开始发光。

[水母湖]

在帕劳有一座以水母闻名于世的湖泊。水母湖是在 1982 年被发现的，1985 年正式开放观光，水母湖是帕劳的特殊景观，它拥有全世界罕见的无毒水母，湖中数种水母聚生，均是现今世界上少见的无毒水母。水母在接近中午的时候会浮到水面上，密密麻麻的水母布满水面，一闪一闪地泛着金光，耀眼又壮观。

海洋美人鱼

海牛

海牛的形状略像鲸，前肢像鳍，后肢已退化，尾巴圆形，全身光滑无毛，皮厚，灰黑色，有很深的皱纹。据考证，海牛原是陆地上的"居民"，是大象的远亲。近亿年前，由于大自然的变迁而被迫下海谋生。进入海洋后，它们依旧保持食草的习性，已有 2500 万年的海洋生存史，是珍稀海洋哺乳动物。

别　　名：儒艮（rú gèn）、
美人鱼
分布海域：栖息在河流中，
如亚马孙河流域、
佛罗里达州、西
非、墨西哥湾和
加勒比海

野生的海牛多半栖息在浅海，从不到深海去，更不到岸上来，每当海牛离开水以后，它们就像胆小的孩子那样，不停地哭泣，"眼泪"不断地往下流。但是它们流出的并非泪水，而是用来保护眼珠、含有盐分的液体。

海牛喜欢潜水，它们用肺呼吸，能在水中潜游达十几分钟之久。它们的肺、胸腔很大，肺活量也相应很大。海牛在呼吸时用它的 2 个都有"盖"的鼻孔，当仰头露出几乎朝天的鼻孔呼吸时，"盖"就像门一样打开了，吸完气便慢条斯理地潜入水中，平时总是慢吞吞不知疲倦地游动，有时也爱翻筋斗，

[海牛]

海牛还有一个更文艺的名字：儒艮。"南海有鲛人，身为鱼形，出没海上，能纺会织，哭时落泪"，这是南朝时中国古人在《述异记》中对儒艮的记载。儒艮长期生活在海沟之中，以海沟上淹没在海水下的海草为食，每隔半个小时左右就要出水换气，雌儒艮通常像人类一样怀抱小儒艮喂奶。儒艮出海时头上偶尔会披海草，所以又被人们描绘为"头披长发的美女"。

但动作相对迟缓。

水中除草机

海牛是海洋中的草食性哺乳动物，海牛的食量很大，每天能吃相当于其体重 5% ~ 10% 的水草。它们的肠子长达 30 米，吃草时像卷地毯一般，一片一片地吃过去，因此有"水中除草机"之称。

海牛在水草成灾的热带和亚热带某些地区是很有用的。在那些地方，水草阻碍水电站发电，堵塞河道和水渠，妨碍航行，还给人类带来丝虫病、脑炎和血吸虫病等。非洲有一种叫水生风信子的水草，曾在刚果河上游 1600 千米长的河道蔓延生长，将河道堵塞严重，连小船也无法通行，当地居民由于粮食运不进去，被迫背井离乡。扎伊尔政府为解决这一社会危机，花了 100 万美元，沿河撒除莠剂，仅隔 2 周，这种水草又加倍生长出来。后来，在河道放入 2 头海牛后，这一难题便迎刃而解了。

美丽的误会

海牛又有"美人鱼"之称。这一称谓的由来可追溯到几个世纪以前，那时美洲大陆刚刚被发现，欧洲各国纷纷派船去美洲探险寻宝。每当黄昏日落或明月高悬的时候，海上漂泊的探险者和水手们，常常会透过弥漫的水雾，看到一些袒胸露肤的美丽"女人"在海上游泳、嬉戏，还有的把自己的"婴儿"抱到胸前喂奶。而这些"女人"的下身像鱼一样，她们时而出现，时而又被海上的迷雾遮住，因此，"美人鱼"的传说也随之诞生。其实他们看到的是母海牛。母海牛的乳房丰满，高高隆起，像人的拳头那么大，还生有一对 4 ~ 5 厘米长的乳头，当它们给幼仔哺乳时，常用两个肥大的胸鳍抱起幼仔露出海面，所以在傍晚或月色朦胧中容易使人产生错觉。

海牛是生活在海里的哺乳动物。成年兽体长可达 3 米，重 300 多千克。母兽在哺乳期，常用前肢搂抱小崽，使头和胸露出水面，还不断发出动听的叫声。历史上有不少航海家为此着迷而致使船只触礁，关于儒艮有许多美丽的传说，人们称它为美人鱼。

[小美人鱼雕像]
美人鱼铜像坐落在丹麦哥本哈根海边的一块巨大鹅卵石上，她是一个神情忧郁、冥思苦想的少女，铜像高 1.5 米，是丹麦雕塑家爱德华·艾瑞克森 1912 年根据安徒生童话《海的女儿》铸塑的。

开在深海的百合花

海百合

海百合是一种始见于早寒武纪的棘皮动物，生活于海里，有多条腕足，身体呈花状，表面有石灰质的壳，由于长得像植物，人们就将它命名为海百合。

别　　名：无
分布海域：印度尼西亚
　　　　　深海

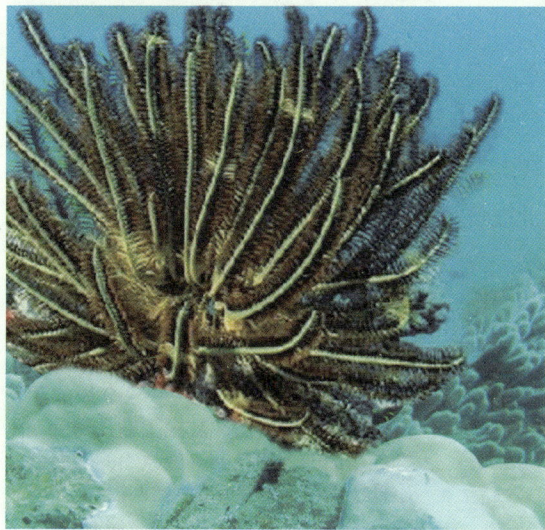

[海百合]
海百合在死亡以后，其钙质茎、萼很容易保存下来成为化石，由于这种环境比较苛刻，所以这样的化石十分珍贵。

取名植物的动物

海百合是海洋动物，属于棘皮动物门海百合纲。海百合生活在浅水中，它们有一个 U 形的肠道，位于它们的肛门口旁边。海百合身上的五辐射对称虽然基本可以确认，但也有许多超过五辐射对称。海百合通常会将其自身附在一块基板上。

而今只有约 700 种海百合，但在过去，它们有更多的种类。在一些厚的石灰岩床，可发现能追溯至中期至晚古生代的海百合碎片。

海百合是滤食动物，在捕食时会将腕高高举起，浮游生物被管足捕捉后送入步带沟，然后被包上黏液送入口。当它们吃饱喝足后，腕枝会轻轻收拢下垂，宛如一朵行将凋谢的花——那是它们正在睡觉。

濒临灭绝的珍贵物种

古生代石炭纪时，海百合数量极其庞大，品种繁多，可归类在"海百合总纲"之下的多个纲目下。它们跟苔藓虫和腕足动物在海底形成草地般的大面积覆盖面，留下许多化石。后因"二叠纪、三叠纪灭绝事件"，90%的海洋物种灭绝，海百合也迅速退出历史舞台。

古生代和中生代的海百合，大多在浅海底栖。海百合类最早出现于距今约4.5亿年前的奥陶纪早朝，在漫长的地质历史时期中，曾经几度（石炭纪和二叠纪）繁荣。其属种数占各类棘皮动物总数的1/3，在现代海洋中生存的尚有700余种。

现生种的海百合刚被重新发现时，是在深水海域中，所以初期人们以为它们只能在深海生存。后来发现，原来不论浅海或深海、热带珊瑚礁或高纬度海域，都能发现其踪迹。

[海百合]
海百合是地球上最古老的动物之一，已经生存了5亿年，由于海百合对环境要求非常苛刻，如今，人们只能在深海里见到它们美丽的身影。

一生扎根一个地方

海百合一辈子扎根海底，不能行走。它们常遭鱼群蹂躏，一些被咬断"茎"，一些被吃掉"花儿"，落下悲惨的结局。在弱肉强食、竞争险恶的大海中，曾有一批批被咬断茎秆、仅留下花儿的海百合，大难不死存活下来。

因为它们终归不是植物，"茎"在它们的生活中并不是那么生死攸关。这种没柄的海百合，五彩缤纷，悠悠荡荡，四处漂流，被人称作"海中仙女"。生物学家给它另起了一个美名——"羽星"。

羽星体含毒素，许多鱼儿不敢碰它们。可仍有一些不怕毒素的鱼，对它们毫不留情，狠下毒手。为了生存，它们只好大白天钻进石缝里躲藏起来；入夜才偷偷摸摸成群出

据了解，世界上的海百合化石主要集中于德国的阿尔卑斯山和中国，其中我国贵州出土的海百合化石较系统，多数集中在三叠纪时期，共有10余种。海百合纲是海百合亚门中发育较完善、演化发展最为成功的一个纲，从中生代起，中间几经兴衰，直到现代仍然繁盛不衰。海百合在海洋中从浅至深都可以生活，大多生活于400～500米的清洁水中。喜欢群居，其根固着在海底，构成所谓的海底花园。最原始的海百合出现于奥陶纪时期，距今约4.5亿年，而古生代早碳纪是海百合最鼎盛的时期。

海百合化石是我国稀有的古生物化石标本，经过漫长的地质和石化作用形成。海百合具有多条腕足，表面有石灰质的壳。

[海百合化石]

北京自然博物馆考古专家称，海百合生长于4.5亿年前，比恐龙时代还要早2亿年，应该是史上最早的生物。海百合之所以具有较高的科研价值和考古价值，是因为海百合对生存环境要求极其苛刻，能成为完整化石存世的极其稀少，非常珍贵。其化石更是一种天然的艺术品，形状酷似一朵荷花，栩栩如生。花朵越大的其晶体亮度越高，收藏价值越高。

我国广东省博物馆内珍藏了一块海百合化石，高3.2米，宽2.6米，是这里的镇馆之宝。据馆内相关工作人员透露，这件硕大的海百合化石是馆内最珍贵的一件展品，价值约为8000万元。贵州石文化艺术宫曾展出一块世界最大海百合化石，长4.8米、宽1.9米，总面积达9.36平方米，使当地市民大饱眼福。据介绍，这块海百合化石发掘于上三叠世瓦窑组中，属棘皮动物。化石上伴有关岭创孔海百合21朵，许氏创孔海百合15朵，其中最大的单株冠部直径达40厘米以上。据有关专家考证，发掘于贵州境内的这块海百合化石，距今已有2.3亿年的历史。

洞，翩翩起舞。它们捕食的方法还是老样子——腕枝迎向水流，平展开来，像一张蜘蛛的捕虫网，守株待兔，专等食物送上门。

由于羽星可自由行动，身体又能随环境改变颜色，它们便成了海百合家族中的旺族，现存480多种。它们喜欢以珊瑚礁为家，因为那儿海水温暖，生物种类繁多，觅食也容易。而那种有柄的海百合，适应能力差，不能有效保护自己，数量也就日渐稀少，现存仅70余种。没准几百年之后，它们便会被鱼儿吃得一个不剩，永远从大海里消失。

珍贵的海百合化石

海百合在死亡以后，其钙质茎、萼很容易保存下来成为化石，由于海水的扰动，使这些茎和萼总是散乱地保存，失去了百合花似的美丽姿态。但如果它们恰好生活在特别平静的海底，死亡以后，它们的姿态就会完整地保存下来，成为化石，由于这种环境比较苛刻，所以这样的化石十分珍贵，不仅为地质历史时期的古环境研究提供了重要的证据，也逐渐成为化石收藏家的珍品，甚至被当作工艺品摆放。

在海百合类繁盛时期形成的海相沉积岩中，海百合化石非常丰富，甚至可以成为建造石灰岩的主要成分，但人们所见到的多为分散的茎环。海百合化石的主要成分是单晶的方解石，通常是白色的，有时会混入三价铁离子，呈鲜艳的红色，在青灰色围岩的衬托下十分美丽。含海百合化石十分丰富的灰岩被地质学家称为海百合茎灰岩，有些人开采出这些岩石，磨制成各种各样的工艺品，美其名曰"百合玉"，深受人们的喜欢。

长着千千万万嘴巴

海绵

海绵有的色泽单一，有的颜色却十分绚丽，其颜色源自类胡萝卜素，主要为黄色到红色。

海绵是对一类多孔滤食性生物体的统称，它们形态各异，呈块状、管状、分叉状、伞状、杯状、扇状或不定形，体型从极其微小至2米长，常在其附着的基质上形成薄薄的覆盖层。它们起源于5.7—5亿年前的寒武纪，其中390属已被确认源自白垩纪（1.35—0.65亿年前）。海绵动物的身体柔软，但许多种类触摸起来却很结实，这是因为它们的内骨骼是由坚硬的含钙或含硅、杆状或星状的骨针和网状蛋白质纤维即海绵硬蛋白所组成的。海绵动物是滤食动物，它们滤取水中细小的碎石和细菌为食，分解其中的氧气和有机物并将废弃物排走。水通过海绵动物体表的细孔进入水沟系，并移动到顺着环细胞或襟细胞这类有鞭毛的细胞排列的小室中；环细胞吸收在变形细胞间传递的食物颗粒，最后常通过其体表上火山状的排水孔将水排出体外；水主要在环细胞鞭毛的作用下，穿过海绵动物的全身。

海绵动物总是形单影只地独处一隅，凡是海绵动物栖居的地方很少有其他动物前去居住。

科学家分析这种现象形成的原因，首先，海绵动物对那些贪食的动物没有任何吸引力，它们浑身的骨针和纤维使其他动物难以下咽，因此海绵的天敌不多。其次，海绵动物大多栖息在有海流的海底，而很多动物都难以在那样的环境中生活。因为在那里，它们的幼虫或被水流冲走，或被海绵动物滤食。此外，海绵动物身上通常都有一股难闻的恶臭，这也可能是其他动物不愿与之为伍的原因之一。

别　　名: 无
分布海域: 呈世界性分布，从淡水到海生，从潮间带到深海

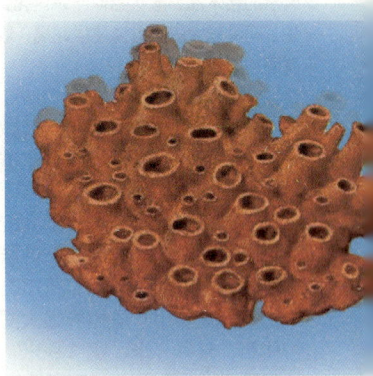

[海绵]

海绵动物门约有5000个物种，分为790属80科，呈世界性分布，从淡水到海生，从潮间带到深海都有分布。

海笔

宛若海洋鸟类的羽毛

海笔的外形如同人们使用的羽毛笔，故得此名。海笔是由许多称为水螅虫的小动物群居而形成的。海笔的下半部分固定在泥沙中，上半部分着生有许多水螅虫。

别　　名：无
分布海域：地中海、印度
　　　　　洋沿岸

[海笔]
海笔的身体呈轴对称，非常像老式的羽毛蘸水笔。在海笔的主干上对称的两侧长满了羽毛状的羽枝。羽枝上又有许多细小的对称的分支。有些羽枝甚至连接成网状的圆柱体。

海笔的外形如同人们使用的羽毛笔，故得此名。海笔是由许多称为水螅虫的小动物群居而形成的。海笔的下半部分固定在泥沙中，上半部分着生有许多水螅虫。海笔以大海中的浮游生物为食，而它们捕获食物的工具正是看似"单纯无害"的叶片状躯体。其实，海笔的躯体是由成千上万的水螅体所组成，它们的触手相互交织在一起，当海水从触手中流过时，其中的浮游生物就会被触手捕获，进而送进消化腔。

海笔是一类美丽的无脊椎动物。它们和其他珊瑚类动物是近亲。它们不喜欢群居，常常单独居住在海底的沙地上。

海笔与其他种类的珊瑚不同。如果没有海浪的冲击和天敌的攻击，珊瑚可以长得很大。海笔却不一样，它们长到一定大小后就不再生长了。海笔有一个圆柱形的中央茎。茎的上端有很多轻软的羽状物，茎的下端深入海底的泥沙中，起着固定的作用。有一种能够发光的海笔只能生长在沙质的海底上，不能移动。

因此，海笔们是很容易被捕获的猎物。海笔通常生长在有强大海流的地方，当它们受到攻击时，就利用复杂的"光电池"发出很强的光，使敌人头晕眼花，无法辨认方向，接着就被强大的海流冲走了。有一种海笔有一套"警报系统"：当敌害接近时，它们就发出很强的光，把周围的黑暗照得雪亮，使敌害暴露自己的位置，反而被更加凶猛的掠食者吞进了肚子。

狠毒的杀人武器

僧帽水母

僧帽水母为暖水种，是一种管水母，是在水面上漂浮的淡蓝色透明囊状浮囊体，其前端尖，后端钝圆，顶端耸起呈背峰状，形状颇似出家修行僧侣的帽子，故取名僧帽水母。因其囊状部分酷似 16 世纪的葡萄牙战舰，又被称为葡萄牙军舰水母。

虽然僧帽水母像水母，但其实是一个包含水螅体及水母体的群落，其直径约有 10 厘米，浮在水面似战舰，触手在气胞体下延伸甚长，呈青蓝色。

僧帽水母中的每一个个体都高度的专门化，互相紧扣，不能独立生存。它们以漂浮习性和蜇人极痛著称，栖息在热带海洋中，营浮游生活，常被风吹到海边或随海流运动，以微小的生物及有机物为食。

别　　名：无
分布海域：大西洋热带海
　　　　　域，有时会出现
　　　　　在较北的芬迪湾
　　　　　及赫布里底群岛
　　　　　…

喜好热闹，终生群居的僧帽水母

僧帽水母的浮囊上有发光的膜冠，能自行调整方向，借助风力在水面漂行。僧帽水母是终生群居的一类浮游腔肠动物，它们的社会分工也相当明确，并且效果非凡。

能和僧帽水母共生的一种小鱼叫"军舰鱼"，这种鱼躲藏在僧帽水母的触手里面逃避捕食者，因为僧帽水母对绝大多数海洋捕食者来说都是惹不起的。僧帽水母的天敌是一种叫蠵（āī）龟的海龟，此物最喜欢吃僧帽水母，对毒液有天生的免疫力，蠵龟吃僧帽水母的时候从来都是连剧毒的触手一起吞下的，虽然有时候蠵龟的眼睛会被触手蜇得肿胀起来，但多数时候蠵龟会把眼睛闭起来。

很多僧帽水母会与多种海鱼一同生活，包括小丑鱼及巴托洛若鲹。小丑鱼可以随意来往僧帽水母的触手之间，其原因可能是其黏膜不会触动刺细胞。这些鱼类可

[僧帽水母]

僧帽水母的鳔可以使其浮在水面，鳔长 9～30 厘米，在水面上可以多延伸 15 厘米。它们会将气体注入鳔中，里面的二氧化碳含量很高，可以达至 90%。僧帽水母会确保鳔湿润来维生，故它们会经常轻微翻转来保持鳔的表面湿润。为了避免鳔受到攻击，它们可以稍稍放气使鳔下沉到海底。

以被僧帽水母保护，而它们会吸引其他小鱼来作为僧帽水母的食物。

温柔的杀人武器

僧帽水母的杀人武器是它的触手，僧帽水母的细小触手能够达到 9 米之长，所以很多游泳者在看到僧帽水母的时候再躲避已经迟了。

僧帽水母分泌致命毒素的是触手中微小的刺细胞，虽然单个刺细胞所分泌的毒素微不足道，但是成千上万刺细胞所积累的毒素之烈不输于当今世界上任何的毒蛇。

[僧帽水母]
僧帽水母变幻莫测的颜色和漂浮的身躯有一种魔力，吸引着人们想近距离地观察它们，但这里要提醒一句，水母只可远观，而不可亵玩焉。这种看似柔弱无力的美丽生物蜇人的本领可绝不含糊。

僧帽水母所分泌的毒素属于神经毒素，随着时间的推移，毒素的作用会逐渐加重，伤者除了遭受剧痛之外，还会出现血压骤降、呼吸困难、神志逐渐丧失、全身休克等症状，最后会因肺循环衰竭而死亡。

在 2000 年有一个统计：被僧帽水母蜇伤的游泳者中，68% 的人死亡，32% 的生还者有相当一部分因此而致残，只有极少数幸运儿能够从这种"水母"的魔爪下全身而退。僧帽水母的毒性非常暴烈，任何被蜇伤者的身上都会出现恐怖的类似于鞭笞的伤痕，经久不退。

若被蜇伤，可先以浴巾、衣服沾海水清洗，再用镊子夹除体表刺丝胞，切勿用手，避免造成蜇伤，也不要用清水或酒精、尿液清洗，避免刺丝胞分泌毒液，加重症状，可用家用白醋、5% 醋酸或 pH 值大于 8 的阿摩尼亚清洗，并尽速就医。

在海边游泳的人应时刻保持警惕，因为僧帽水母通常是明亮的紫色或者蓝色，就像是漂浮着的气球或彩带。孩子更容易遭到僧帽水母的袭击，因为这种生物看起来那么美丽，诱惑人们去触摸它们。

酷像植物的动物

海豆芽

海豆芽，听起来像是植物的名字，可它却是一种像黄豆芽形状的小动物。它的学名是舌形贝，因为它的贝体呈长椭圆形，很像人的舌头。海豆芽体形奇特，上部是椭圆形的贝体，像一颗黄豆，下部是一根可以伸缩的半透明的肉茎，宛若一根刚长出来的豆芽，所以称为"海豆芽"。它活着时就是靠着这强有力的肉茎把贝体固着在海底的泥沙中。

海豆芽有4.5亿年的历史，是世界上已发现生物中历史最长的腕足类海洋生物，生活在温带和热带海域。

海豆芽多见于正常的海洋环境，但在不适于大多数生物生活的多泥、缺氧的半咸水中更为普遍。

海豆芽生活于潮间带细砂质或泥沙质底内，借肌肉收缩挖掘泥沙，营穴居生活，其肉茎粗大，能在海底钻洞穴居住，肉茎可以在洞穴里自由伸缩。它们绝大部分时间都待在洞穴里，只靠外套膜上的3个管子和外界接触。

令人惊奇的是经过了4.5亿年的演化，海豆芽几乎没有任何变化。

别　　名：舌形贝
分布海域：温带和热带海域

[海豆芽]

舌形贝（海豆芽）以及现存和古代绝灭类型的一类腕足动物，最初见于寒武系，很可能起源于寒武纪以前。

在这漫长的时间里，人类和原始的鱼类在形状和身体结构上发生了很大的变化，可是，海豆芽却一直保持着它们祖先的形态。古生物界把这类经过亿万年时间的演化，而身体没有发生什么变化的动物叫作活化石。显然，海豆芽是一种标准的活化石。

食人鳄

湾鳄 ·········

湾鳄因"二战"末期的兰里岛之战而出名，因此又名食人鳄，位于湿地食物链的最高层次，为23种鳄鱼中最大的一种，也是现存世界上最大的爬行动物。由于它是鳄目中唯一颈背没有大鳞片的鳄鱼，所以也被称为"裸颈鳄"。

★ ✦ ★

别　名：河口鳄、咸水
　　　　鳄、马来鳄
分布海域：东南亚沿海至
　　　　　澳大利亚北部
　　　　　及巴布亚新几
　　　　　内亚

····

[湾鳄]

湾鳄是地球上最大的两栖动物。它们咬合力超强，最大可达4200磅，可一口就咬碎海龟的硬甲和野牛的骨头，是世界上现存咬合力最大的生物之一。

湾鳄生活在不同的湿地，如河口、红树林、沼泽等地的沿海和潮汐带，对海水的耐受性较一般鳄高。湾鳄以大型鱼、泥蟹、海龟、巨蜥、禽鸟为食，也捕食野鹿、野牛、野猪，咬合力超强，最大个体达1600千克，可一口就咬碎海龟的硬甲和野牛的骨头，是世界上现存咬合力最大的生物之一。它们的领地意识极强，雄鳄独占领域，驱斗闯入者，一雄率拥群雌。成鳄经常在水下，只眼鼻露出水面。它们的耳目灵敏，受惊会立即下沉。午后多浮水晒日，夜间目光如炬，幼鳄的眼睛则带红光。

野生湾鳄在多数国家是受保护的，但有些国家的保护有效性值得怀疑。国际上公认保护得最好的应属巴布亚新几内亚和澳大利亚，那里的野生种群都处于可持续利用和增长状态。如今有一个与上述两个国家相类似的保护管理计划正在印度尼西亚开始试验和实施。另外，人工湾鳄饲养数量正大幅上升，尤其以东南亚国家为甚。我国已采取行动，争取让已在我国绝迹千年的湾鳄重生。

性情凶猛的食肉动物

玳瑁 :·:·:

玳瑁是海洋中较大而凶猛的肉食性动物，经常出没于珊瑚礁中，是唯一能消化玻璃的海龟。

玳瑁头顶有两对前额鳞，吻部侧扁，上颚前端钩曲呈鹰嘴状；前额鳞2对；背甲盾片呈覆瓦状排列；背面的角质板覆瓦状排列，表面光滑，具褐色和淡黄色相间的花纹。它们喜欢在珊瑚礁、大陆架或是长满褐藻的浅滩中觅食。玳瑁虽然是杂食性动物，但其最主要的食物是海绵。海绵占据了加勒比玳瑁种群膳食总量的 70% ~ 95%。玳瑁只觅食几个特定的海绵物种，

如海绵纲，特别是星骨海绵目、螺旋海绵目和韧海绵目海绵。除海绵外，玳瑁的食物还包括海藻、水母和海葵等刺胞动物，也捕食极为危险的水螅纲动物——僧帽水母。

玳瑁在捕食这些刺胞动物时会闭上没有保护结构的眼睛，诸如僧帽水母这样的剧毒动物的刺细胞并不能透过玳瑁生有鳞甲的头部，这样玳瑁就不会受到威胁。玳瑁有时也会捕食虾蟹和贝类，它们的双颚十分有力，可以咬碎蟹壳甚至是极为坚硬厚实的贝壳，如双壳类贝类。

别　　名：十三鳞、文甲
分布海域：亚洲东南部和
　　　　　印度洋等热带
　　　　　和亚热带海洋

[玳瑁]
玳瑁是一种海龟科的海洋动物，又名十三鳞、文甲，体长可达 1 米，体重可达 50 千克。其背上共有 13 块鳞，角质板，表面光滑，具有褐色和淡黄相间的血丝花纹，呈覆瓦状排列，故名"十三鳞"。

玳瑁，通灵祥瑞之神龟。有传说认为中国古代四大神兽之"玄武"的原型就是玳瑁。

自古以来，民间广泛流传玳瑁制品具有驱邪、祛病之功效。当人体有恙时，玳瑁饰品颜色的深浅将随身体的变化而变化。现代医学临床验证，玳瑁工艺制品有降血压、疏经脉、镇惊厥、平心气之功效，对协调和平衡人体内循环系统具有显著的疗效。因此，玳瑁工艺品日益走俏，价格一路猛涨。

玳瑁的角质板有"海金"之誉，自古以来就是吉祥长寿、辟邪纳福的象征，深得历代皇室贵族、富豪人家乃至广大民众的喜爱。唐代女皇武则天就曾使用过玳瑁手镯和耳环等；宋代人对玳瑁更是喜爱有加，曾仿照玳瑁壳的花纹和色泽，创烧出漂亮逼真的玳瑁斑黑釉瓷；明清时期，玳瑁制品的使用更为普遍，上至宫中后妃所戴首饰，下至文人雅士的书房文玩，均可见到玳瑁制品。同时，在古埃及、古罗马、古希腊，也都有玳瑁首饰制品被推崇。

[玳瑁发饰]

玳瑁工艺品在我国已有上千年的历史，汉代遗址就曾出土过许多精巧的玳瑁制品，工艺水平在唐代达到了高峰，如武则天就曾使用玳瑁制作的梳子、扇子、琴板、发夹。

玳瑁的嘴为其捕食珊瑚缝隙中的小虾和乌贼提供了方便，其鹰喙般钩曲的嘴可以轻易地将它们钩出。

玳瑁对于其猎物有很强的适应力和抵抗力，它们觅食的一些海绵对于其他生物体来说是剧毒且往往是致命的。此外，玳瑁还会选择一些富含硅质骨针的海绵为食。

行遍世界的美好寓意

美国马萨诸塞州伍斯特市建有一座非常可爱的名为 Burnside 的喷泉雕塑，刻画了一个男孩深情地骑在一只大玳瑁上的形象，因此该雕塑有"海龟男孩"的别称。这座雕像就如哥本哈根的美人鱼雕像和布鲁塞尔的小于连铜像一样，已经成为伍斯特市的标志性象征。

玳瑁是中国古典诗歌中的意象之一，如汉乐府诗《孔雀东南飞》（《古诗为焦仲卿妻作》）中对刘兰芝外貌的精彩描写"足下蹑丝履，头上玳瑁光"之景；繁钦在《定情诗》中也提到"何以慰别离？耳后玳瑁钗"，"钗"谐音拆，有分离之意；李白也曾说"常嫌玳瑁孤"。

怀璧其罪

人们长期以来认为玳瑁等海龟物种没有灭绝威胁，因为它们寿命很长，生长缓慢，生殖期长，成熟晚，繁殖率也较高，而且玳瑁种群中年龄层次多，短期内的数量锐减不易被发现。但实际上，玳瑁的繁殖率虽然高，但是与大多数海龟一样，稚龟的成活率相当低。很多成年玳瑁被人类有意或无意地杀死，其巢位也被人类或动物侵占。

20 世纪后期，各国政府对保护玳瑁所作的努力也越来越多，如实行临时或永久性的法律法规以及建立海龟自然保护区等。美国鱼类及野生动物保护局从 1970 年起就将玳瑁列为濒危物种，而美国政府为保护当地的玳瑁种群，也已在适当地点实行了多次恢复计划。玳瑁在我国也被列入国家二级重点保护野生动物名录。

海洋萌物

箱鲀

成年箱鲀的身体大部分被盒状的骨架包围着，因而得名。箱鲀只有鳍、口和眼睛可以动，所以游泳完全依靠背鳍和臀鳍慢慢地上下、前后、左右摆动，其尾部具有舵的作用。

箱鲀除眼、口、鳍及尾部外，身体其他部位包于硬壳中，硬壳由骨板愈合而成，断面略呈三角形、方形或五角形，因种而异。它们一般活动在沿岸浅海岩礁区域，不结群，单独生活。通常用背鳍、臀鳍慢慢地游动，主食甲壳类、贝类等无脊椎动物，还会吃海藻、海草和珊瑚礁表面的珊瑚虫等。箱鲀因其身体有棱角，游泳姿态十分有趣。箱鲀只有鳍、口和眼睛可以动，身体披覆硬鳞，所以完全靠鳍慢慢地上下、前后、左右摆动，很像直升机摆动。此外，其身体也不能像其他的鲀类一样能胀大或弯曲，由于鳃盖无法活动，只能随时张开口部让水从口腔流入鳃部，用突出的嘴捕食附在岩石上的小型动物。

别　　名：盒子鱼、牛鱼
分布海域：全世界热带和温带海中，底栖

[箱鲀]
箱鲀由于鳃盖无法活动，只能随时张开口部让水从口腔流入鳃部，用突出的嘴捕食附在岩石上的小型动物。

一般成年箱鲀栖息较幼鱼深，游泳能力弱。除了因其骨板可使掠食者止步外，箱鲀科鱼种还会分泌一种具有毒性的黏液，当它们受到威胁时，会增加黏液的分泌量，让攻击者异常难受，打消攻击的念头。由于其特殊的外观和游姿，使其成为水族养殖观赏的对象。

蠢萌生物

翻车鱼

翻车鱼在不同国家有着不一样的解释：渔民常常看见它翻躺在水面如在进行日光浴而以"翻车"的名字来形容翻车鱼。翻车鱼喜欢侧身躺在海面之上，在夜间发出微微光芒，于是法国人叫它"月光鱼"；其尾巴短小，却有着圆圆扁扁的庞大身躯，以及大大的眼和嘟起的嘴，可爱的模样像一个卡通人头，于是德国人称它为"游泳的头"；由于其在海中游泳时，好像在跳曼波舞一样有趣，于是日本人称它为"曼波鱼"。

[翻车鱼]

翻车鱼是世界上最大、形状最奇特的鱼之一。它们的身体又圆又扁，像个大碟子。鱼身和鱼腹上各有一个长而尖的鳍，而尾鳍却几乎不存在，使它们看上去好像后面被削去了一块似的。

别　　名：翻车鲀、曼波鱼、头鱼、海洋太阳鱼、月光鱼等

分布海域：各热带、亚热带海洋，也见于温带或寒带海洋。我国沿海均产

翻车鱼属大洋中、表层鱼类，随黑潮洄游靠岸，肉食性，以水母、浮游动物为主，也吃甲壳动物和海藻，翻车鱼游泳速度较缓慢。当天气较好时，它们会将背鳍露出水面作风帆随水漂流，晒太阳以提高体温；当天气变坏时，它们就会侧扁身子平浮于水面，以背鳍和臀鳍划水并控制方向，还可用背鳍在海中翻筋斗而潜入海底。

翻车鱼性情温顺，生活在热带海洋中，其身体周围常常附着许多发光动物，它们一游动，身上的发光动物便会发出亮光，远看就像一轮明月。在所有热带和温带所发现的翻车鱼都爱吃小鱼、马鲗（zéi）、甲壳动物、

海蜇、胶质浮游生物和海藻，但它们最喜欢吃的食物还是月形水母。

笨拙的游泳技能

翻车鱼主要靠背鳍及臀鳍摆动来前进，所以游泳技术不佳且速度缓慢，很容易被定置渔网捕获。翻车鱼的身体像鲳鱼那样扁平，常常利用扁平的身体悠闲地躺在海面上，借助吞入空气来减轻自己的比重，若遇到敌害时，就潜入深处，用扁平的身体劈开一条水路而逃之夭夭。天气好的时候，有时能看到这些鱼像睡在海面上一样，一面向上平卧着，随波逐浪地漂荡。

有趣的繁衍分工

翻车鱼既笨拙又不善游泳，常常被海洋中其他鱼类、海兽吃掉。它们不至于灭绝的原因是具有强大的生殖力，一条雌鱼一次可产约 2500 万 ~ 3 亿枚卵，但由于一些自然因素，只有 30 条左右能存活至繁殖季节，但是这并不妨碍它们在海洋中被称为最会生产的鱼类之一。

翻车鱼的繁殖过程也非常有趣。每当繁殖季节来临时，雄鱼会在海底选择一块理想的场地，用胸鳍和尾巴挖开泥沙，筑成一个凹形的"产床"，引诱雌鱼进入"产床"产卵。雌鱼产下卵之后，便扬长而去。此时，雄鱼赶紧在卵上排精，从此就担负起护卵、育儿的职责，直到幼鱼长大。

妙龙汤

翻车鱼肉质鲜美，色白，营养价值高，蛋白质含量比著名的鲳鱼和带鱼还高。翻车鱼的肠子也很昂贵，我国台湾地区有道名菜"妙龙汤"就是以此作为主料，食之既脆又香，令人胃口大开。此外，其鱼皮也大有用途，是熬制明胶或鱼油的原料，可作精密仪器、机械的润滑剂。鱼肝可制鱼肝油和食用氢化油。

19 世纪时，渔民的孩子们会把厚厚的翻车鱼皮用线绳绕成有弹性的球玩。翻车鱼皮上常有多达 40 多种不同的寄生虫，就连它们身上的寄生虫身上也有寄生现象。

[翻车鱼的奇葩死法]

网上有个"翻车鱼奇葩死法"的段子："据说，翻车鱼是世界上最脆弱的生物，它们有很多种蠢蠢的死法：1. 阳光太强——死亡；2. 水中气泡进眼睛了受到惊吓——死亡；3. 海水盐分在身上留下斑点使自尊心受到伤害——死亡；4. 担心和海龟相撞——死亡；5. 附近的小伙伴死了，悲伤过度——死亡……"

当然这只是个段子，供大家一乐而已。

翻车鱼虽然喜欢晒太阳，但其实大部分时间都是在比较深的海水中度过。

翻车鱼之所以会常常出现于水面，一方面是为了提升体温，另一方面是为了寻求海鸟帮助清理皮肤上的寄生虫。

翻车鱼与很多鲀形目的其他类群的鱼一样，在受到威胁时可以在很短的时间里将体色调暗。

海中飞箭

剑鱼

剑鱼亦称"箭鱼",因其上颌向前延伸呈剑状而得名。以每小时130千米高速前进的剑鱼,其坚硬的上颌能将很厚的船底刺穿。在英国伦敦博物馆保存着一块被剑鱼"长剑"刺穿的厚达50厘米的木质船底板。

别　　名: 箭鱼、剑旗鱼、青箭鱼、丁挽四旗鱼

分布海域: 世界各热带及亚热带海域;中国南海、东海

[剑鱼]
当剑鱼向前游泳时,其强壮有力的尾柄能产生巨大的推动力,长矛般的长颌起着劈水的作用。

剑鱼是其活动深度范围内的顶级食肉动物,其食物包括金枪鱼、蜞鳅、飞鱼、鱿鱼和其他头足类动物和甲壳类动物。

剑鱼拥有敏锐的视力,用以观察猎物,它们"白色"的肌肉为它们的突击活动提供能量。剑鱼使用它们的利剑攻击猎物,把猎物撕成碎片或者整个吞食。剑鱼在白天取食,它们在海水中上下扰动,许多小虾、鱼和鱿鱼因为光线强度的改变而不能成功地躲避捕食者,最终成为剑鱼的食物。

一般鱼无法保持自身体温高于周围水的温度。剑鱼有独特的肌肉和棕色脂肪组织为大脑和眼睛提供温暖的血液,使它们能够到达极端寒冷的海洋深处。

剑鱼是一种重要的经济性鱼种。全世界年产量在3 5000 ~ 4 2000吨。一般以一支钓或定置网捕捞,有些地区以围网或流刺网法。它们也是游钓鱼种,通常每年的3—4月及7—12月较常钓到。剑鱼的幼鱼肉质鲜美,可加盐晒成鱼干,长期保存。也可以加工成罐头、鱼肉香肠、鱼肉火腿等。该种鱼类富含脂肪,并含有大量维生素、钾等。

剑鱼快速游泳的体型为飞机设计师提供了设计灵感。设计师仿照剑鱼外形,在飞机前安装一根长"针"。该长"针"能刺破高速前进中产生的"音障",使超音速飞机得以问世,此为仿生学的一大成功。

海洋大象

海象

顾名思义，海象即海中的大象。与陆地上肥头大耳、长长的鼻子、四肢粗壮的大象不同的是：海象的四肢因适应水中生活已退化成鳍状，不能像大象那样步行于陆上，它们要靠后鳍脚朝前弯曲，以及獠牙刺入冰中的共同作用，才能在冰上匍匐前进。

海象皮厚而多皱，有稀疏的刚毛，眼小，视力欠佳。无论雌雄都长着一对重约 4 千克、长 90 厘米的獠牙，沿着嘴角向下伸出，一生都长个不停。在挖掘食物、攀登岩石、抗击敌手时，此牙是不可或缺的工具和武器。海象的整个躯体呈圆筒状，雄雌海象的体重悬殊，雄海象体重约 4 吨，身长可达 5 米，雌海象体重约 700 千克，身长约 2.5 米。

别　　名：无
分布海域：北极或近北极
　　　　　的温带海域

[海象]

海象样貌丑陋，皮肤粗糙而多褶皱，脑袋又小又扁，上唇密密麻麻长满有 12 厘米长、约 400 多根又粗又硬的胡须，一双小眼睛埋在皱皮里几乎难以看到。其耳朵只是稍微凸起的皮肤，没有软骨支撑，但听觉十分灵敏。

不吃鱼的海洋动物

海象喜欢在浅海沿岸、软体动物较为丰富的沙砾底质处觅食，其吻部的硬髭可用来帮助探触淤泥中的食物。海象的食性较杂，但不吃鱼，主要以瓣鳃类软体动物为食，也捕食乌贼、虾、蟹和蠕虫等，有时也偶尔吞食少量水中幼嫩植物和海底的有机质沉渣等。它们在捕食时会先将长牙插入海底，摆动头部来翻动海底的泥沙，利用敏感而灵活的鼻口部和能像触角一样活动的触须去探找食物，然后用前肢内侧表面粗糙的掌面相对，夹住贝壳，将其磨碎，同时身体上浮一段后，松开掌面，使碎贝壳与贝肉分离开来，然后再次下潜，将下落较慢的贝肉吸入口中。据说它们偶尔也会捕食海豹或一角鲸，但不是以其强大的獠牙作武器，而是用前肢将对方抱住，压到水下将其淹死后再慢慢吃掉。

喧闹的群居生活

海象是群栖性的动物，在冰冷的海水中和陆地的冰块上过着两栖生活，每群有几十只、数百只到成千上万只。为了恢复在海洋中长期游动后的疲劳，海象在陆地上的大多数时间是睡觉和休息，有时用獠牙与较短的后肢来摇摇晃晃地行走，显得十分笨拙，滑稽可笑。但它们在海水中靠着流线型的身体、发达的肌肉以及强有力的鳍状肢，则行动自如，非常机敏，能够完成取食、求偶、交配等各种活动。

海象视觉较差，但嗅觉与听觉却颇为敏锐。群体在睡觉时总会留下一只放哨，发现有危险来临时，便立即发出公牛似的吼声，将同伴唤醒，或用獠牙碰醒身旁的其他个体，并依次传递临危警报。如果群体较大，放哨的还常常在水里游动，不断探出头来监视周围的情况。

海象的天敌主要是北极熊，它们常常捕食海象幼仔，但较少进攻身躯庞大的成体。另一个主要天敌是号称"海中霸王"的虎鲸，如果相遇，海象只能急速地逃到陆地上，使不能登陆的虎鲸毫无办法。

海象的大部分时光是在沿岸陆地或浮冰上度过的，在那里繁殖、换毛和休息，常常是成千上万只紧紧地挤在一起，彼此相依，有的不停地用鳍肢摩擦身体来驱赶身上的寄生虫，即使在睡眠中也不停息。偶尔有几只发生争吵时，就像水中的涟漪一样，在大群中传播开去，引起骚动和不安，獠牙、鳍脚乱舞，吼声一片。

[海象]

海象生有 4 只宽大的鳍脚，前脚较长，后脚能向前折曲，可以在陆地上行走。它们看上去似乎很笨拙，但却是游泳健将。海象大部分时间都在冰上睡觉，海象的皮下约有 3 寸厚的脂肪层，可以耐寒保温，即使在 -30℃ 的浮冰上睡眠也不觉寒冷。海象还能跟随环境变换身体颜色，在陆上血管受热膨胀，呈棕红色。在水中，血管冷缩，将血从皮下脂肪层挤出，以增强对海水的隔热能力，因而呈白色。

海象主要生活于北极海域，可称得上是北极特产动物，但它们可作短途旅行。所以在太平洋，从白令海峡到楚科奇海、东西伯利亚海、拉普帖夫海；在大西洋，从格陵兰岛到巴芬岛，从冰岛和斯匹次卑尔根群岛至巴伦支海都有其踪影。由于分布广泛，不同环境条件造成了海象一定的差异。因此，生物学家们把海象又分成两亚种，即太平洋海象和大西洋海象。它们每年 5—7 月北上，深秋南下。

龙涎香的制造者

抹香鲸

抹香鲸肠内分泌物的干燥品称为"龙涎香",为名贵的中药,故称"龙涎香",由赤道一直到两极的不结冰的海域都可发现它们的踪迹。

抹香鲸主食大型乌贼、章鱼、鱼类,喜群居,往往由少数雄鲸和大群雌鲸、仔鲸结成数十头以上,甚至二三百头的大群。它们每年会因生殖和觅食进行南北洄游,其游泳速度很快,每小时可达十几海里,而且抹香鲸有极好的潜水能力,深潜可达 2200 米,并能在水下待两小时之久。

因为抹香鲸的潜水时间很长,在海面上看到的机会不大,但其特殊的外形与喷气使其不易与其他大型鲸类混淆。在两次下潜的间隔期间,抹香鲸会在海面漂浮或缓慢游动,外观上很像巨大的漂流木。它们经常有跃身击浪或以鲸尾击浪的动作。抹香鲸浮在水面上睡眠,它们的睡眠很沉,常在水面上静浮几个小时。船只夜间在海上停航漂流中,常会发现大鲸静静地睡在船的旁边。

抹香鲸是一种最珍贵的海产品——"龙涎香"的来源。龙涎香是一种偶尔会在抹香鲸肠道里形成的腊状物质,是一种灰色或微黑色的分泌物,内含 25% 的龙涎素,是珍贵香料的原料,也是名贵的中药,有化痰、散结、利气、活血之功效。但不常有,偶尔得到重 50 ~ 100 千克的一块,便会价值连城,抹香鲸便由此而得名。

别　　名:巨抹香鲸、卡切拉特鲸、龙涎香

分布海域:全世界不结冰的海域

[抹香鲸]

雄性抹香鲸体长 11 ~ 23 米,雌性体长 8.2 ~ 18 米,成年体重 25 ~ 45 吨;出生时幼体长 4 米,体重达 500 千克。与身躯比较,抹香鲸的头部显得不成比例的重而大。抹香鲸具有动物界中最大的脑,而尾部却显得既轻又小,这使它的身躯好似一只大蝌蚪。

红色灯笼

红色水母

红色水母是水母中的一种，因身体呈红色而得名。在诸多水母中，红色水母长相最迷人，它们的身体上长着飘飘扬扬、若有若无的红色丝线，细长的触手上布满有致命毒素的刺细胞。

别　　名：明亮血红色水母、红灯笼水母

分布海域：北冰洋

红色水母是科学家在北冰洋2600米深的水下发现的。因为其明亮、身体呈血红色，所以也有人称其为明亮血红色水母，它虽然不是新发现的物种，但其怪异的外形无疑使其成为水母家族中一颗璀璨的明珠。

生物学家指出，水母是海洋中最普通的掠食动物，它们是深海食物链中的重要角色。

日本海洋研究开发机构的一个研究小组发现，近海水深500米以下的水域生活着大量被认为是稀有品种的"红灯笼水母"。这种水母的外形似铜钟，最长可达17厘米，外体是透明的，从内侧泛出红色，似红色的灯笼，因此称为"红灯笼水母"。

红色水母种类不止这些，对它们的发现和研究对研究气候变化在何种程度上影响海洋生态系统和生物多样性有着一定的积极意义。

[红色水母]

几乎所有的水母都有毒，毒在它们的触须上，当它们的触须碰到猎物时，就会刺穿猎物施放毒素，然后吃掉猎物，以此为生。

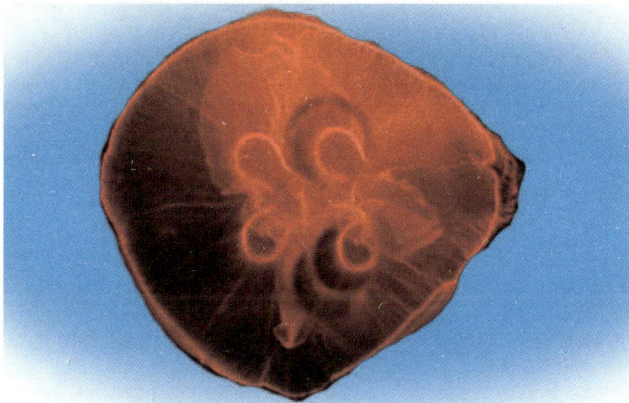

一言不合就喷墨

乌贼

乌贼又称花枝、墨斗鱼或墨鱼，是软体动物门头足纲乌贼目的动物。与鱿鱼不同的是，乌贼有一船形石灰质的硬鞘。乌贼遇到强敌时会以"喷墨"作为逃生的方法，伺机离开，因而有"乌贼""墨鱼"等名称。其皮肤中有色素小囊，会随"情绪"的变化而改变颜色和大小。乌贼还能跃出海面，具有惊人的空中飞行能力。

乌贼喜欢栖息于远海的深水中。每年 4—6 月由深海游向浅水内湾进行产卵，卵黏附于海藻及其他物体上，9 月下旬开始，当年孵化的幼体会游返南方越冬。它们可在洄游中捕食甲壳类、软体类及其他小动物。

乌贼体内的墨汁平时都贮存在肚中的墨囊中，遇到敌害侵袭时，它们会从墨囊喷出一股墨汁，把周围的海水染得墨黑，然后乘机逃之夭夭。乌贼的墨汁中含有毒

别　　名：乌鲗、花枝、
　　　　　墨斗鱼或墨鱼
分布海域：在热带和温带
　　　　　沿岸浅水中，
　　　　　冬季常迁至较
　　　　　深海域
　　　　　…

素，可以用来麻痹敌人。储存这一腔墨汁需要很长时间，所以不到万不得已，它们是不会随意释放墨汁的。

一般的海鱼要想捕猎乌贼是很不容易的，但海豚是乌贼的天敌之一，海豚会绕过烟幕，穷追乌贼，只吃头，不吃身体，海豚能吞下成百只乌贼的头。抹香鲸也是其天敌之一。

[乌贼]

我国常见的乌贼有枪乌贼（俗称鱿鱼）、金乌贼与无针乌贼。乌贼是我国四大海产（大黄鱼，小黄鱼，带鱼，乌贼）之一，渔业捕捞量很大，肉鲜美，富有营养。

由于大乌贼生活在太平洋幽深的海底，人们对神秘的"大乌贼"了解得并不多。而在水手们之间流行的一个传说让这种神秘生物显得更加具有传奇色彩：它们巨大的触须能够从海床直接延伸到海平面，它们强有力的吸盘可以撕裂船身。

空中飞行健将

日本北海道大学北方生物圈领域科学中心副教授山本润曾成功连续拍摄到一群乌贼跃出海面的画面。

拍摄人员通过画面观察到，乌贼在空中加速时鳍会像鸟的翅膀一样向两侧展开来保持平衡，动作就像飞行一样。"这次研究结果不仅证明乌贼有着惊人的飞行能力，还可以推测它们很可能会在空中捕食海鸟"。

游泳速度之魁首

乌贼头部腹面的漏斗不仅是生殖、排泄、墨汁的出口，也是乌贼重要的运动器官。当乌贼身体紧缩时，其口袋状身体内的水分就能从漏斗口急速喷出，乌贼借助水的反作用力迅速前进，犹如强弩离弦。由于漏斗平常总是指向前方的，所以乌贼运动一般是后退的。乌贼身体的特殊构造使它们获得了快速游泳的能力。为适应这种游泳方式，在长期的演化过程中，乌贼的贝壳逐渐退化而完全被埋在皮肤里面，功能也由原来的保护转为支持。

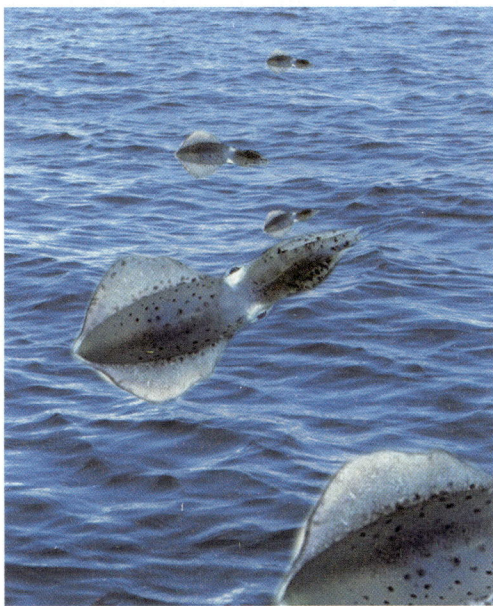

[飞翔的乌贼]

乌贼骨是一味中药，具有收敛止血、涩精止带、制酸、敛疮的功效。多用于溃疡病，胃酸过多，吐血衄血，崩漏便血，遗精滑精，赤白带下，胃痛吞酸；外治损伤出血，疮多脓汁。

乌贼是游泳速度最快的海洋生物之一，其原因是它们与一般鱼靠鳍游泳不同，它们是靠肚皮上的漏斗管喷水的反作用力飞速前进，其喷射能力就像火箭发射一样，可以使乌贼从深海中跃起，跳出水面高达 7 ~ 10 米。乌贼的身体就像炮弹一样，能够在空中飞行 50 米左右。乌贼在海水中游泳的速度通常可以达到每秒 15 米以上，最大时速可以达到 150 千米，号称鱼类中游泳速度冠军的旗鱼，时速也只有 110 千米，只能甘拜下风。

海洋中的长寿王

海葵

海葵是一种构造非常简单的动物，它们没有中枢信息处理机构，连最低级的大脑基础也不具备。虽然海葵看上去很像花朵，但它们其实是捕食性动物。

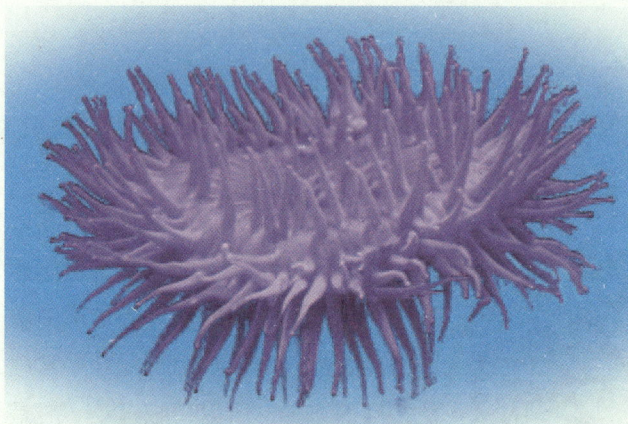

[海葵]

海葵广布于海洋中，多数栖息在浅海和岩岸的水洼或石缝中，少数生活在大洋深渊，最大栖息深度达1 0210米。在超深渊底栖动物组成中，所占比例较大。这类动物的巨型个体一般见于热带海区，如口盘直径有1米的大海葵只分布在珊瑚礁上。

海葵环绕在一个共同的消化系统周围的每一条触手能决定它所接触到的食物适宜与否，却没有向其他触手传递信息的功能。海葵的神经系统无法辨别周围环境的变化，只有通过实际的接触，受到刺激才会做出反应。

当海葵被触动时，许多触手都会发生一阵反射性痉挛，这说明有一些基本信号传递到了海葵的全身，但是只有直接参与和食物接触的触手才有抓取食物的反应。这些信号是非常简单的，因为每次接触所产生的反应都相同。只有当食物最终进入和消化系统接触的状态时，其他触手才会开始活跃起来，纷纷把自己折皱起来，这种反应的目的只有一个，那就是摄取食物，把食物包围起来，送到嘴上进食。

别　　名: 无
分布海域: 广布于海洋中，多数栖息在浅海和岩岸的水洼或石缝中，少数生活在大洋深渊
...

[紫点海葵]

其色泽非常亮丽，足部呈圆盘状，颜色为橘色，上面有小红斑点缀着。身体呈黄色，体上具有48条短胖的触手，触手顶端有紫色的小肉突，中间部分则有一条明亮的环带。

[奶嘴海葵]

奶嘴海葵又称拳头海葵，学名樱蕾篷锥海葵，主要生长于热带珊瑚礁的浅水区，栖息地水流适中，光照充足，水质清洁，常年水温在22℃以上。一般以群居的方式栖息在浅水地带，个别生长在其他地区的，需要石缝、岩洞以固着及藏匿。

科学家通过实验发现，当海葵触手接触到人工放置的塑料虾时，海葵就把它抓住，停留片刻后把它放了。因此，我们可以清楚地了解到，海葵的神经细胞已精细到能告诉它自己塑料是不能吃的。这样就节省了把塑料虾送到消化系统加以辨别而需要消耗的能量，同时也说明信息并没有传遍海葵的全身，因为塑料虾每次接触不同的触手，捕捉的过程都会周而复始地进行。

距离产生"美"

多数海葵喜独居，个体相遇时也常会发生冲突甚至厮杀。两者常是触手接触后都立即缩回去。若两者属同一无性繁殖系的成员，就逐渐伸展触手，像朋友握手相互搭在一起，再无敌对反应。若属不同繁殖系的成员，触手一接触就缩回，再接触再缩回，然后彼此剑拔弩张，展开一场厮杀。先是口盘基部的特殊武器即边缘结节（瘤）胀大，内部充水，变成锥形，继而体部环肌收缩，使身体变高，然后把整个身体向对方压去，在压倒对方的一刹那，立即把延长的结节朝对方刺去，结节顶端有大的、有素毒的刺胞，若刺到对方会立即射出毒液。双方总是你来我往，以牙还牙。几分钟后弱者也常主动撤退，脱离接触。若无藏身之所，它会使身体浮起来，任海水把自己冲走。若无任何退路，就会不停地遭受攻击，时间一长，也难免一死。

它们争斗的主要目的是争夺生存空间。有的海葵如直径有15厘米的连珠状大海葵，能捕食海星。据观察，当猎物接近时，它会突然用触手拥抱猎物，并同时向其射出数百到数千个刺胞，很快将其杀死。海星等大的其他猎物，海葵也能很快将其置于死地。

共生关系

海葵那美丽而饱含杀机的触手虽然厉害，但却以少有的宽容大度，允许一种 6 ~ 10 厘米长的小鱼自由出入并栖身其触手之间，这种鱼就叫双锯鱼，也称小丑鱼。其实双锯鱼并不丑，其橙黄色的身体上有两道宽宽的白色条纹，娇弱、美丽而温顺，只是缺少有力的御敌本领。它们有的独栖于一只海葵中，有的是一个家族共栖其中，以海葵为基地，在周围觅食，一遇险情就立即躲进海葵触手间寻求保护。它们这种关系属共生关系，海葵保护了双锯鱼，双锯鱼为海葵引来食物，互惠互利，各得其所。

除双锯鱼外，和海葵共生的还有小虾、寄居蟹等其他动物。每只海葵通常共生着 3 ~ 7 只小虾，多者可达几十只；共生的寄居蟹一般是雌雄一对，且双双保护自己的领地，不准其他蟹侵入，遇有借宿者会引起一场殊死搏斗。据科学家实验，如果把双锯鱼等海葵的共生者全部取走，海葵的活动就会大大降低，有些就索性停止活动。不久，蝴蝶鱼就会纷纷游来用尖细的长嘴吞食海葵，用不了多长时间，它们就会把能找到的海葵消灭干净。

海葵虽然能和其他动物和平相处，但也时常为附着地盘、争夺食物与自己的同类进行争斗，常常出现一方把另一方体表上的疣突扫平或把触手拔光的争斗场面。

海葵不光好看，还好吃，海葵身体具有较强的弹性，不易煮烂，咀嚼时会发出吱嚓吱嚓的声响，营养价值较高，海葵做法有多种，可热炒，可煨汤，煨出的汤白如乳，鲜美之味独特。

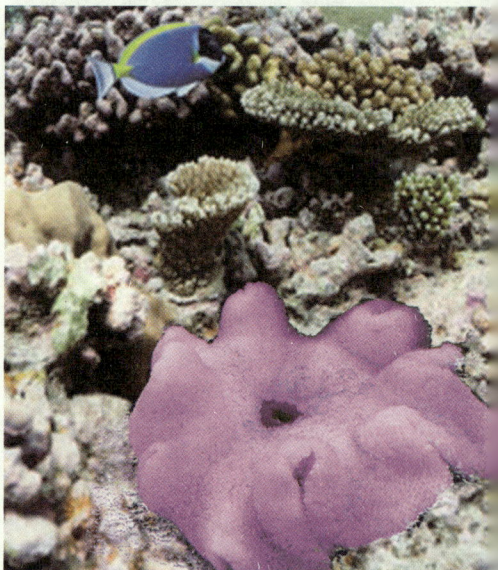

[地毯海葵]

体型硕大，布满触手，和长须紫地毯海葵非常相似。触手大约 5 厘米长，呈钝状手指形，颜色全都是褐色系的，其口部边缘略为波浪状，当其全身伸展时边缘会有一点卷曲，体长约为 1.5 米。独居，会与许多小鱼共生，需要间隙很深的石缝供以藏身，通常只看得到它长满触手的口盘。

海葵自身并不能移动，靠"守株待兔"的方法觅食，不免饥一顿，饱一顿，这样它就需要有一个同伴背着它遨游大海，以获取丰富的食物。寄居蟹（当然还有其他生物，这里以蟹为例）常找到海葵来抵挡敌害，海葵也利用寄居蟹这个"坐骑"在大海中自由旅行。于是，它们生活在一起，互相利用，相依为命。这种现象在生物学上叫做"共栖"或"共生"。

海中杀手

虎鲨

虎鲨的特点是两背鳍前缘各有一粗大硬棘，长可达 1.4 米，两颌有锐牙，前面呈门牙状，两侧呈臼齿状，以无脊椎动物如海胆及甲壳动物为食，是海洋中十分凶猛的动物。

别　　名：无
分布海域：太平洋、印度洋各热带与温带海区

虎鲨是一种卵胎生动物，据说一条雌虎鲨一次可以怀 400～500 个胎儿，当鱼卵孵化成仔鱼后，就开始互相残食，一直拼杀到最后仅剩一条为止。

虎鲨类早在古生代石炭纪就有化石记录，中生代最为繁盛，到新生代渐衰落。现分布在世界范围内的温带和热带水域中，通常可以在广阔海洋的深水中发现它。由于其身上的横纹有宽有窄，故又有狭纹虎鲨和宽纹虎鲨之分。狭纹虎鲨体表有 20 余条横纹，从印度尼西亚到日本海南部均有分布，我国主要产于南海和台湾海峡；宽纹虎鲨身上有 10 多条横纹，我国产于东海和黄海。

虎鲨体粗大而短，头高近方形。眶上突起显著，吻短钝，眼小，椭圆形，上侧位，无瞬膜。鼻孔具鼻口沟。口平横，上、下唇褶发达。上、下颌牙同型，每颌前、后牙异型，前部牙细尖，后部牙平扁，臼齿状。喷水孔小，位于眼后下方。背鳍 2 个，各具一硬棘；具臀鳍；尾鳍宽短，帚形，下叶前部三角形突出，尾基无凹洼；胸鳍宽大。

[虎鲨]

虎鲨通常游弋在热带的浅海区域，不过它们在泥泞的河口和温带海域也可以活得逍遥自在，在那里它们会津津有味地吃任何能吃和不能吃的东西，无论是塑料瓶子、汽车牌照、橡胶轮胎还是酒瓶子和空铁罐都照吃不误。

杀手的秘密武器

虎鲨用背鳍棘抵御敌害，体黄色并具黑色横纹，是避免敌害的警戒色。虎鲨的牙齿使它们几乎无坚不摧。其让人触目惊心的锯状牙齿常常用来从较大的猎物身上撕下大块的肉，包括鲸的残骸和其他的海洋哺乳动物，同时，它们也有人所共知的能消化如海龟这样的带有坚硬外壳的生物的能力，虎鲨的牙齿永远不会掉光。因为它们的牙床上总能长出新牙。一旦前面的牙齿老化或者受伤掉了，后面的牙齿就会自动补到先前的位置。

虎鲨的食性很复杂。在虎鲨的菜单上有乌贼、鱼、软体动物、甲壳类动物、海鸟、小型海兽、动物尸体和垃圾。虎鲨有良好的视力和嗅觉。它们能侦测到动物们藏身处电磁场的变化，也能感觉到远处鱼群游水时引起的水流波动。

杀手的猎杀榜单

在有关鲨鱼伤人事件报道的数量方面，虎鲨是仅次于大白鲨的肇事者。巨大的体型、古怪的习性以及来者不拒的饮食习惯使它们成为危险的敌人，对许多致命的攻击负有主要责任。

2009 年 3 月，有美国潜水员在墨西哥湾海域捕黄鳍金枪鱼时遭遇一条 3 米多长的虎鲨攻击，潜水员克雷格·克拉森为了保护自己的同伴，在水中与这条虎鲨搏斗了两小时，最终用匕首刺死了它。

2014 年，有数个菲律宾渔民曾捕获到一条大虎鲨，剖腹一看，它的胃中竟然有个被消化一部分的人头和一只人脚，还传出恶臭……怀疑是曾失踪的渔船上的 2 名人员。

[虎鲨]

虎鲨是鲨鱼家族中仅次于食人鲨的凶猛残忍的食肉动物。1岁的虎鲨就已有 38 厘米长了。成年虎鲨最大可以长到 9 米左右，饥饿的虎鲨胃口很大，只要发现移动的物体，它就会紧追不舍，伺机发动攻击。

2014 年 6 月 10 日，据外媒报道，澳大利亚 38 岁的女模特汉娜·弗雷为呼吁保护鲨鱼，抗议诱杀鲨鱼获取鱼翅，仅身着比基尼，身涂彩纹，在没有任何安全设备的情况下，在巴哈马与这种世界上最危险的鲨鱼物种翩翩起舞，无数网友为其点赞。

从所拍摄的画面中可以看到，她轻抚着鲨鱼的头部，游走在鲨鱼群之间，显得十分从容淡定。但据其本人透露，她十分紧张，甚至在出发前已经预先跟家人诀别。

"毒"与"独"

蓝环章鱼 ⠿

在海洋中，蓝环章鱼属于剧毒生物之一，被这种小章鱼咬上一口能致人死亡。但这种章鱼不会主动攻击人类，除非它们受到很大的威胁。蓝环章鱼个性害羞，喜爱躲藏在石头下，晚上才出来活动和觅食，可谓"毒"与"独"兼备。

别　　名：蓝圈章鱼、豹纹章鱼
分布海域：日本与澳大利亚之间的太平洋海域

蓝环章鱼因为身体上鲜艳的蓝环而得名。遇到危险时，其身上和爪上深色的环就会发出耀眼的蓝光，向对方发出警告信号。这种章鱼个头虽小，但分泌的毒液足以在一次啮咬中就夺人性命。由于目前还没有解毒剂，因此它是已知的最毒的海洋生物之一。它尖锐的嘴能够穿透潜水员的潜水衣。

[蓝环章鱼]
蓝环章鱼十分美丽，但是在其美丽的外表下却隐藏着剧毒。

蓝环章鱼体内的毒液可以在数分钟内置人于死地，毒性是眼镜蛇的50倍，最可怕的是目前还没有解药。

蓝环章鱼的神经细胞已经分化——它们就像电话线一样，组成了网络，将信息迅速传递到身体的任何部位，电脉冲沿着神经细胞传递，直到它们到达与另外一个细胞相连的节点。然后产生一种特定的化学物质，跳过两个细胞间的空隙，在另一边的细胞接受这种化学物质，并产生新电脉冲。发生在这些节点的过程对于大脑把信息传递给肌肉是非常重要的。

因胆小而释放的美丽

蓝环章鱼个性害羞，喜爱躲藏在石头下，晚上才出来活动和觅食。如果遇到危险，它们会发出耀眼的蓝光，向对方发出警告信号。蓝环章鱼是一种很小的章鱼，臂跨不超过 15 厘米，主要栖息在日本与澳大利亚之间的太平洋海域中。

蓝环章鱼的毒性可以由其自身的颜色显示出来。它们的皮肤含有颜色细胞，可以随意改变颜色，通过收缩或伸展，改变不同颜色细胞的大小，蓝环章鱼的整个模样就会改变。因此，当蓝环章鱼在不同的环境中移动时，它们可以使用与环境色相同的保护色。

蓝环章鱼不会主动攻击人类，除非它们受到很大的威胁。大多数对人类的攻击发生在蓝环章鱼被从水中提起来或被踩到的时候。另一种头足纲动物——火焰乌贼也能制造与蓝环章鱼相似的毒素。

携带剧毒的孤独生物

蓝环章鱼的毒素是一种毒性很强的神经毒素，它对具有神经系统的生物是非常致命的，其中包括人类。当生物被蓝环章鱼攻击后，毒素会在被攻击对象体内干扰其自身的神经系统，造成神经系统紊乱，这往往是致命的。

在毒素注射到生物体内时，有毒分子会迅速扩散，毒素会破坏生物体的生命系统，每一个有毒分子都会寻找生物体内的神经细胞之间连接的地方，在那里，它们会拦截指挥肢体运动的特定化学物质传递的信息，神经系统由此被破坏，被攻击对象的整个神经系统瘫痪，虽然还活着，却已经无力反抗，只能任由蓝环章鱼摆布。

[蓝环章鱼金币]

太平洋岛国帕劳的海洋生态丰富迷人，有"蓝宝石海洋"的美誉，此两款金币展现了帕劳水域的蓝环章鱼，向世人宣扬海洋保育的重要性！金币以"四条九"纯金精铸而成，金光闪闪。

蓝环章鱼能够产生河豚毒素，它是已知生物中除河豚外唯一能产生河豚毒素的生物。河豚毒素对中枢神经和神经末梢有麻痹作用，其毒性较氰化钠大 1000 倍，0.5 毫克即可致人中毒死亡。一只蓝环章鱼的毒液足以使 26 个人丧生，严重者被咬后几分钟就毙命，而且目前还无有效的抗毒素来预防它。

[蓝环章鱼]

在人体内，蓝环章鱼的毒素侵害着所有受人脑支配的肌肉，被攻击的人虽然神志清醒，却不能交流，不能呼吸。如果不做人工呼吸的话，就会渐渐窒息，不过大多数人都是被麻痹后淹死的。

蓝环章鱼是已知毒性最猛烈的有毒动物之一。尽管其体型相当小，一只蓝环章鱼所携带的毒素却足以在数分钟内一次杀死 26 名成年人，而目前还无有效的抗毒素来预防它。蓝环章鱼的毒液能阻止血凝，使伤口大量出血，且感觉刺痛，最后全身发烧，呼吸困难，重者致死，轻者也需治疗三四周才能恢复健康。

遭蓝环章鱼啮咬后第一时间的急救方式是按住伤口并进行人工呼吸。人工呼吸必须持续，直到伤患恢复到能够自行呼吸的状态为止，而这往往需要数小时之久。即使是在医院，也只能够对伤患进行呼吸与心跳的维持治疗，直到毒素浓度因身体代谢而降低。

儿童因体型较小，若遭蓝环章鱼啮咬，症状会最严重。若在发绀以及血压降低的症状出现之前就进行人工呼吸，伤患就可能保住性命。成功撑过 24 小时的伤患，多半能够完全康复。即使伤患已无反应，也应立即且全程施以循环辅助；因为河豚毒素会瘫痪肌肉，伤患即使神智清楚也无法呼吸或做出任何反应。

"会说话的眼睛"

金娃娃鱼

金娃娃鱼体型较小，外形憨厚，其模样十分可爱。它们在游动时会用胸鳍拨水，颇为逗人。

金娃娃鱼属于比较特殊的海洋生物之一，其身体滚圆且臃肿，腹部涨大，一对突起的大眼睛非常有神，鱼体呈鲜艳的黄绿色，上面散布着黑色或绿色的斑点。它具有生殖洄游习性，游动时显得比较笨拙，性凶残而胆小。金娃娃鱼的食道构造特殊，在遇到敌害或受惊吓时，它们会吸入空气和水，使胸腹部膨大如球，表皮小刺竖立，浮于水面装死，以此自卫，待安全后，它们会迅速排放胸腹中的空气与水后快速游走。此外，它们还有咬齿习性，被捕后会发出"咕咕"响声。

別　名：绿河豚、绿娃娃、深水炸弹、木瓜鱼、潜水艇等

分布海域：印度、泰国、马来西亚、缅甸、我国南端海域

[金娃娃鱼]

金娃娃鱼属于海水鱼，但是可以在淡水中饲养，可以在水中适当加盐，也可以不放盐。金娃娃鱼不择食，口大能吞食小鱼，且不宜和其他小鱼混养。

金娃娃鱼是河豚的一种，河豚的皮肤、肌肉、内脏、血液、鱼卵皆有剧毒，吃下去10克就会致命。专家介绍，大多数河豚都属于有毒鱼类，其所含毒素的毒性相当于剧毒药品氰化钠的1250倍，只需要0.48毫克就能致人死亡。如将金娃娃鱼当作观赏鱼饲养时，应该特别小心，在手上有伤口时，不要直接接触鱼体。目前市场上见到的大部分金娃娃鱼都经过长期的人工繁殖，其毒性都已减弱或者无毒性。

在众多的观赏鱼种类中，豚科观赏鱼可以说是比较特殊的种类之一，很多人对它们一无所知。其实豚科观赏鱼往往有某些特殊的要求，主人们应该研究这些小东西的需要，为它们建立适合的环境，满足它们的要求。

装死高手

猫鲨

猫鲨的名字源于它们生着一对猫科动物般细长的眼睛，而且它们的眼睛在光线的照射下会闪闪发光。猫鲨因眼睛对光线极其敏感而成为光线昏暗的中层带中最致命的捕食者之一。

别　　名：无

分布海域：印度洋

猫鲨在刚入缸时开口困难。当刚入缸时，建议用干净的小鱿鱼或活的海虾诱其开口。开口后，就能狂吃了，虾、贝或一些淡水鱼都可以饲喂。喂食带壳的贝类、淡水虾、鱿鱼及冻的蚌类更佳。

[猫鲨]

早在 1984 年，猫鲨就被认为是濒临灭绝的动物之一。澳大利亚的海洋科学家曾在墨尔本水族馆对一头猫鲨进行人工授精，希望"试管鲨鱼"能够改变猫鲨面临绝种的命运。爱护猫鲨是每一个地球人的责任，我们应该积极参与其中。

猫鲨幼体为奶油色，身体带宽深黑色条纹，在长大后，条纹会变得模糊，中间出现褐色斑块。猫鲨是一种狡猾的鱼类，它们能诱捕天上的飞鸟，常半浮在海面，装死不动，将深色皮肤露出。海鸟在大海上寻找休息的礁石，常常会将半浮的猫鲨误认为礁石而停下来歇息。这时，猫鲨便缓缓将身体下沉，当鸟儿双脚在不知不觉中移至猫鲨的头部时，猫鲨便猛地张开大口，一下子就把鸟儿吸进口中。

若将其饲养在水族箱中，猫鲨喜欢待在底部，会吃掉在缸中出现的任何甲类动物。虽然它们在水族箱中不会长得很大，但成年后需要 900 升以上的水族箱饲养，而且需要底沙来栖息，如果底沙太粗糙，还会容易刮伤其腹部，导致受伤。

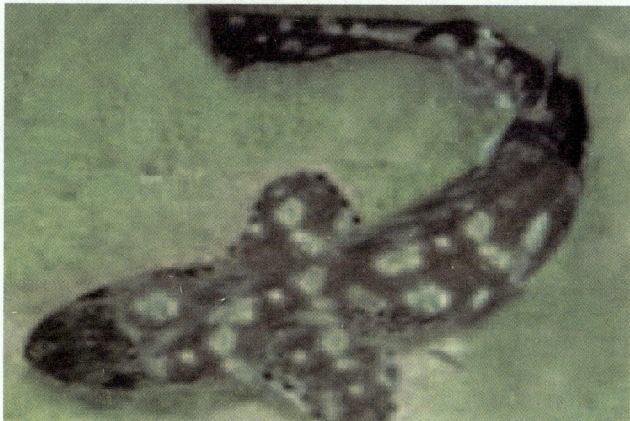

怪异的团蛇

筐蛇尾

筐蛇尾以海底淤泥中的有机物碎屑为食，也可凭借其复杂精细的臂状物去捕捉磷虾等浮游动物。筐蛇尾的再生能力惊人，其5条腕的每一条都能分成2条小腕，而这些小腕又能再分成许许多多更小的腕足，看起来就像许多条蛇盘绕在一起。

筐蛇尾是一种海星，可凭借其复杂精细的臂状物捕捉磷虾等浮游动物。白天，筐蛇尾就像一团蛇发女妖样的死珊瑚，通常选择躲在隙缝间、洞穴或岩石底下，等待白天的结束。但在夜晚，它们就会舒展开来，形成一个倒扣着的篮子样的东西，伸展着许许多多的小腕足去捕捉经过的小生物。当它们聚集进食时，就像一支捕鱼的船队，而它们四下张开的腕足就像渔民们撒下的网。

因此，人们很难真正发觉筐蛇尾在不同的栖息地中数量到底多到何种程度。根据一项在加勒比海所进行的调查，每一平方米的面积平均有40只筐蛇尾，同样的面积在沙质海底的数量甚至多达1000只以上。不过栖息在沙质海底的筐蛇尾在白天时都会躲进沙中。

此外，它们的体型也十分娇小，直径仅仅不到1厘米。即使是较大体型的筐蛇尾，它们大部分时候也都是群体一起出现，如经常出现在德国附近海域的。基本上，只要随便翻开海中任何一块较大石块，我们总是可以找到好几只相同品种的筐蛇尾躲在底下；这些筐蛇尾会因为受到干扰，急忙地寻找另一个隐秘处躲藏起来。

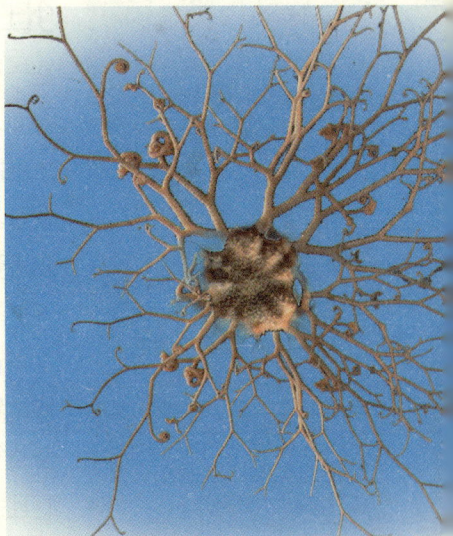

[筐蛇尾]

别　　名：无
分布海域：太平洋沿岸，从白令海峡到加利福尼亚州南部

凶猛的海底杀手

海鳗

海鳗体形纤细，以游泳迅速闻名，为凶猛肉食性鱼类。它们常在浪大水浊时觅食，傍晚和凌晨时尤为活跃。而在风平浪静、海水透明度大的晴天，它们则栖居于泥质洞穴内，减少取食活动。

别　　名：灰海鳗

分布海域：非洲东部、印度洋及西北太平洋。中国沿海均产，东海为主产区

[海鳗]

在海鳗科鱼类中，海鳗、山口海鳗数量多、产量大，是重要的食用经济鱼类。海鳗肉厚、质细、味美、含脂量高，可供鲜食、制咸干品或罐头。海鳗肉与其他鱼肉掺和制成鱼丸和鱼香肠，味更鲜美而富有弹性。晒干品"鳗鱼鲞（xiǎng）"和干制海鳗鳔均为食用佳品。

清乾隆《南澳志》中说："海鳗'头尖多刺，大者计百斤'"。潮汕一带称它为麻鱼，而在闽浙一带又有虎鳗、门鳝、狼牙鳝等叫法，多是针对海鳗的尖嘴利牙而起的名字。

海鳗属于暖水性近底层鱼类，集群性较差，具有广温性和广盐性，有季节洄游习性。海鳗属凶猛肉食性鱼类，主要摄食虾、蟹、其他鱼类及部分头足类，几乎全年摄食，强度大。有研究称海鳗的进食方式在地球生物中最为特别，就像科幻电影《异形》里的外星怪物一样，当它们的前颌咬住猎物之后，隐藏在喉咙后部的内颌会伸上前来吞食猎物。

鲨鱼几乎称霸整个海底世界，但是有人曾实拍到海鳗把鲨鱼活活吞到肚子里的场面。

海鳗的肉质洁白鲜甜，但跟俗称白鳝的河鳗相比，少脂而多刺。嘉庆《澄海县志》中说："海鳗长四五尺，较白鳝大而味远逊之。"海鳗富含多种营养成分，具有补虚养血、祛湿、抗痨等功效，是久病、虚弱、贫血、肺结核等病人的良好营养品。海鳗体内含有一种很稀有的西河洛克蛋白，具有良好的强精壮肾的功效，是年轻夫妇、中老年人的保健食品。海鳗还是富含钙质的水产品，经常食用，能增加血钙值，使身体强壮。海鳗的肝脏含有丰富的维生素 A，是夜盲人的优良食品。

深海暗杀者

尖牙鱼

尖牙鱼栖息在大洋中特别深的地方，样子看起来极具威胁性，可怕的外表让它得到"食人魔鱼"这样一个恐怖的名字。尽管有凶猛的外表，但它其实对人类的危害很小甚至没有。

[尖牙鱼]
尖牙鱼相当于水中拥有一颗金子般心脏的恐怖斗牛犬。尽管它们外貌恐怖，但是它们极其温和。它们的糟糕视力意味着如果要捕食，只能通过偶遇来获得食物。

尽管尖牙鱼并不怕冷，但是它们多分布在热带和温带海洋的深处，因为在那里才有更多的食物从上面落下。成年尖牙鱼和幼鱼看起来差别很大，幼鱼的头骨长，而且是浅灰色，而成年鱼却是大头大嘴，颜色从深棕到黑色。幼鱼直到长到 8 厘米长才开始像成年鱼的样子。幼鱼吃甲壳动物，而成年鱼吃鱼。它们是一种长着骇人脸庞的深海暗杀者，同时也是海底最深处的居民之一，生活在海底 5 千米以下的黑暗环境里。

尖牙鱼因牙大而得名，它们脑袋上左右两颗牙齿简直太大了，以至于造物主不得不在其微型的脑子左右两侧各留出一个"插槽"，以便其大嘴能够合上。相对于其体型来说，它们的牙齿可能是海洋鱼类中最大的，因此有些体型比它们庞大的鱼类也成了其盘中餐。尖牙鱼还是世界上最丑陋的动物之一。

别　　名：角高体金眼鲷
分布海域：热带和温带海洋
...

生态系统的守卫者

沙丁鱼

沙丁鱼是一些鲱鱼的统称，身体侧扁平，银白色。因最初在意大利萨丁尼亚被捕获而得名，古希腊文称其为"sardonios"，意即"来自萨丁尼亚岛"。沙丁鱼肉中富含的二十二碳六烯酸（DHA），能够提高智力，增强记忆力，因此沙丁鱼又被称为"聪明食品"，是世界重要的海洋经济鱼类。

[沙丁鱼]

沙丁鱼为细长的银色小鱼，背鳍短且仅有一条，无侧线，头部无鳞。密集群栖，沿岸洄游，以大量的浮游生物为食。主要在春季产卵，卵和几天后孵化的幼鱼在成长为自由游泳的鱼前一直随水漂流。

沙丁鱼是鲱科鱼类中某些食用种类的统称，主要指沙丁鱼属、拟沙丁鱼属和小沙丁鱼属的种类，也常用来泛指能做成罐头的大西洋鲱及一些外形类似的小型鱼类。沙丁鱼主要用来食用，鱼肉也可作为动物饲料，除此之外，还被用于制造油漆、颜料和油毡，在欧洲还被用来制造人造奶油。

别　　名：沙甸鱼、萨丁鱼
分布海域：欧洲沿海、非洲西北岸和地中海

生态守护者

在长达一个世纪的时间里，人们发现纳米比亚大西洋沿岸附近海域散布着有毒的二氧化硫气体。这些气体的散发常常会伴随着大批鱼类和海洋甲壳动物的死亡。而饥饿的沙丁鱼群却能清除掉纳米比亚海域内的浮游植物，以此减少该地区有毒气体的产生，而这一现象也会为缓解全球变暖带来深远影响。

沙丁鱼吃掉了将要漂向海岸线的浮游植物，因此减少了气体散发。全球气候变暖促进了浮游植物的大面积繁殖，这些海域也会成为未来的海洋生物死亡地带。如果再加倍捕捞沙丁鱼，大气层将增加难以估量的导致温室效应的甲烷、二氧化硫。

小身板大营养

沙丁鱼具有生长快、繁殖力强的优点，且肉质鲜嫩，含脂肪高，可以加工为鱼羔、鱼丸、鱼卷、鱼香肠等多种方便食品，还可提炼鱼油、制革、制皂和金属冶炼等，也可制成鱼粉作为饵料。

日本农林水产省自 1988 年春季推行所谓"海洋革新"计划以来，从螃蟹的甲壳、乌贼、沙丁鱼、海扇的内脏和脂肪，以及鱼的精子、大头鱼的骨刺中提取了各种试剂、凝集剂、医药品、防腐剂和人工骨，有的已制成了商品。

[沙丁鱼制品]

吃沙丁鱼的 5 种好处：第一，稀释血液；第二，帮助扩张血管；第三，防止潜在致命血凝团的形成；第四，防止高血压以及脂肪量的提高；第五，保护心脏以防止跳动的不正常。

南北大迁徙

南半球每年的冬天，沙丁鱼由南往北，沿着东部海岸开始一年一度的大迁徙。往常平静的海水翻起了无数白色的泡沫，随着数十亿沙丁鱼大举北进，鲨鱼、海豚和其他捕食者跟在后面开始追逐。

从单位面积的生物数量来说，这种奇观可以和东非的羚羊大迁徙相媲美。

这个被称为"地球上最大鱼群"的沙丁鱼群吸引了大量的捕食者。沙丁鱼向北而上，大约1800条海豚、数千头鲨鱼和鲸混迹其中大肆捕食。从水里受到攻击时，鱼群会逃到水面，这时它们又进入了成千的水鸟——塘鹅的"猎场"。

研究显示，引起沙丁鱼大举迁徙的主要原因可能是洋流的影响，而非鱼群产卵的需要或因为浮游生物的大量繁殖。无论何种原因导致沙丁鱼大举搬家，沙丁鱼迁徙对沿海食物贫乏的区域都是一个"大奖励"。

沙丁鱼的迁徙一直显得既悲壮又伟大。以南非沙丁鱼为例，科学家一直质疑，南非沙丁鱼当初为什么会选择到北方路途遥远、环境又不怎么样的地方产卵呢？

对此问题，专家给出两种解释：

一是认为这是历史遗留，可以追溯到上一个冰期。那时候沙丁鱼生活在北方夸祖鲁－纳塔尔省附近的海域，后来冰川衰退，喜欢低温的沙丁鱼只能向南迁徙，然而到了每年的繁殖季节，它们仍然会回到最初生活的地方产卵。

二是更注重偶然因素的作用，认为在某一个特定的时刻，由于迷路或者海况变化，沙丁鱼阴差阳错来到了北部这片海域，结果获得了在种群繁殖上的空前成功。之后，这群沙丁鱼的后代不断重复着这条迁徙路线。

海月水母

一生漂流的海洋生物

海月水母是一种典型的漂流水母，也是世界上最常见、分布最广的钵水母纲生物。海月水母外形美丽，极具观赏性。在日本、新加坡等国家早已是一种比较成熟的家庭水族品种。

别　　名：无
分布海域：世界各海洋均有分布

海月水母的水母体是透明的，一般有 25～49 厘米长，有 4 条明显的马蹄状生殖腺，它们虽然会用触手来捕捉猎物，如浮游生物及软体动物，但触手的活动有限，它们也只是随波逐流。

水母进化史

海月水母口腕上有许多刺细胞，可放出刺丝麻痹小无脊椎动物，再将它们吞入口中，经口道进入胃。它们的胃较大，突出形成 4 个胃囊。食物被消化后，由辐管输送到全身，不能消化的残渣仍由口排出。呼吸和排泄

[海月水母]

均由于与水接触的体表进行。如果人们不小心与它们的触须接触，立即会得皮疹，让人痛苦不堪。

海月水母有两种不同型态的世代，第一种是水螅世代，其固着在海床或其他基底上，并将触手向上延伸，进行捕食及防御行为，另一种则是水母体世代，其漂浮在水体中并拖曳着触手到处捕食。随着水螅及水母体世代的交替，我们可以很清楚地看到它们神奇的型态转变。

人工繁殖

水母的出现比恐龙还早，可追溯到 6.5 亿年前，可谓海底生物中的"元老"，由于水母具有很强的观赏性，在国外把水母当作宠物来饲养已成为一种时尚。而在国内，观赏水母在水族市场上尚属稀罕物，原因之一是其人工繁殖技术刚刚起步。2007 年，经过 5 个多月的不断观察与实验，青岛海底世界水族部科研人员培育出了 18 只小海月水母，在国内水母保育方面取得领先地位。

基因变异

美国加利福尼亚大学的迈克·道森博士及其澳大利亚同事表示他们发现了 16 种新变种海月水母，它们也被叫作月亮水母。科学家警告说，这些新变种海月水母都是入侵物种，将威胁地球的生态系统。

有意思的是，海月水母肆虐地球是由于人类之过，它们搭乘船只周游全球，因为它们能紧贴在船只外壳上或钻进海水压载舱内。假如没有人类的"帮助"，海月水母就不可能来到世界各地。科学家们建立了计算机模型并计算了海月水母在最近 7000 年来可能的迁移。

道森博士解释说："海月水母通过海水压载舱和船只外壳周游全球，热带鱼类由于全球贸易而成为入

以往海月水母的繁殖都是通过有性生殖产生受精卵，受精卵从雌性水母体内排出后，经过一段时间发育成浮浪幼体，接触到可以固着的表面后，就形成水螅体，水螅体能够复制出和母体一样的子代；在水螅体生长到一定阶段后，又会生成许多小水母，最终经过发育才能成为海月水母。但因为水母体内 98% 都是水分，对水质要求高，而水螅体的成活率也非常低，这些都大大影响了海月水母的生存与繁衍。

在经过对水母的长期观察试验后，研究员大胆地对海月水母进行了人工无性繁殖——把一只健康的水母分割成两份后，水母细胞会自动分裂、愈合，大约只要一个月的时间，不完整的水母又会成为两个独立、完整的个体。不过，分割水母也不是随便一切就行的，海月水母体内有 4 个胃囊，要确保分割后的水母完全恢复，必须把 4 个胃囊对半分开，而且在恢复期间对水质的要求也非常高。

若水母被切掉两只触手，经过 12 小时到 4 天的时间，会自己重新排布触手来恢复对称性，科学家们偶然发现了这个新现象，他们称之为"对称化"。因为水母经常受伤，比如从未能得逞的捕食者面前逃脱，难免会留下累累伤痕，所以对称化是自我治愈的关键。

侵物种。入侵物种具有挤走当地物种的潜力，威胁当地生态系统，并造成数十亿美元的损失。" 早在 500 年前，海月水母并没有现在如此广泛分布，目前在世界各地都能遇见它们，包括日本、美国、西欧、澳大利亚、墨西哥等。DNA 研究结果显示，还有更多种类的海月水母尚未被人们所知。能否采用某种方法使海月水母的"脚步"停止，目前还不清楚。

[海月水母]
水母在遇到捕食者的时候常常会损失触手，因此恢复对称性对于海洋生物来说非常重要：不对称的水母很难在水中前行并找到食物。

拥有美丽水母的办法

家庭饲养海月水母需要用专用小型水母缸饲养，海水由人工海水配置而成，以前都是捕捞野生海月水母饲养，这种海月水母多数寿命不长，只有几个月，现在人工繁殖的海月水母的寿命可达 2 年以上，比较适合家庭长期人工饲养。海月水母的饲料为水母液体饲料、丰年虾，一天喂食一次，喂食时需将水泵电源关闭，然后再滴入水母液体饲料，海月水母可以在 15 ~ 30℃的水温中生存，最佳温度为 25℃，要避免阳光直射，不要将水母缸放在暖气正上方。

水母不喜欢太频繁地换水，给水母换水应本着少量少次的原则，夏天每周换一次水，冬天每两周换一次水，每次换水只需换掉总水量的 1/10，且水和盐度必须与原水相同，换下的水可用于丰年虾的孵化。

海月水母对光源的要求不大，只要不是阳光直射基本没什么大问题。如在不观赏时，需将五彩艳丽的照明灯关闭，以防藻类的滋生，水母不可以和其他动物共同饲养，也不可将不同种类混养。

没有国界的鱼类

金枪鱼

金枪鱼是一种大型远洋性重要商品食用鱼，见于世界暖水海域，又叫鲔（wěi）鱼，我国香港地区称为吞拿鱼，我国澳门地区以葡萄牙语旧译为亚冬鱼，大部分皆属于金枪鱼属。

[金枪鱼]

金枪鱼的形状很奇特，它的整个身体呈流线型，顺着头部延伸的胸甲，仿佛是一块独特的能够调整水流的平衡板。另外，金枪鱼的尾部呈半月形，使它在大海里能够很快地向前冲刺。它有强劲的肌肉及新月形尾鳍，肩部有由渐渐扩大的鳞片组成的胸甲，背侧较暗，腹侧银白，通常有彩虹色的光芒和条纹。金枪鱼腹部的颜色比背部的要浅，从海里面向上看它的时候，它浅淡的体色和海面的颜色差不多。金枪鱼的另一特征是肚皮下有发达的血管网，可以作为一种长途慢速游泳的体温调节装置。

别　　名：鲔鱼、吞拿鱼、
　　　　　亚冬鱼
分布海域：太平洋、大西
　　　　　洋、印度洋都
　　　　　有广泛的分布

没有国界的鱼类

金枪鱼的肉为红色，这是因为金枪鱼的肌肉中含有大量的肌红蛋白所致。有些金枪鱼，如蓝鳍金枪鱼可以利用泳肌的代谢，使体内血液的温度高于外界的水温。这项生理功能使金枪鱼适应较大的水温范围，从而能够生存在温度较低的水域。

铁是人体内不可缺少的一种元素，金枪鱼的血液中含有丰富的铁分和维生素B₁₂，易被人体吸收。经常食用，能补充铁分，预防贫血，并能作为贫血的辅助治疗食品。

金枪鱼的游泳速度很快，瞬时时速可达160千米，平均时速60～80千米。金枪鱼的游程也很远，过去曾经在日本近海发现过从美国加利福尼亚州游过去的金枪鱼，因此又被称为"没有国界的鱼类"。

美容、减肥的健康食品

常见的金枪鱼鱼片是大眼金枪鱼和黄鳍金枪鱼制成的。生食是极品，熟食也香浓美味，制成罐头的油浸金枪鱼非常可口，不但深受东南亚一带人们喜爱，连欧美人士也喜欢用来配制三明治，深受广大消费者喜爱。金枪鱼的市场极其广阔，日本、西欧和美国是金枪鱼产品的三大市场。

金枪鱼鱼肉是女性美容、减肥的健康食品。其鱼肉低脂肪、低热量，还有优质的蛋白质和其他营养素，食用金枪鱼食品，不但可以保持苗条的身材，而且可以平衡身体所需要的营养，是现代女性轻松减肥的理想选择。

金枪鱼食品能够保护肝脏，强化肝脏功能。动脉硬化是中老年人生命的威胁，食用金枪鱼食品可以降低血脂，疏通血管，有效地防止动脉硬化。金枪鱼鱼肉中的EPA、蛋白质、牛黄酸均有降低胆固醇的卓效，经常食用，能有效地减少血液中的恶性胆固醇，增加良性胆固醇，从而预防因胆固醇含量高所引起的疾病。

金枪鱼油是优质的健脑保健产品。金枪鱼油中含有丰富的DHA，DHA是人类自身无法产生的一种不饱和脂肪酸，它是大脑正常活动所必需的营养素之一。DHA可通过血液脑屏障进入脑中使脑神经细胞突触增加并延伸，进而提高脑容量，增强记忆力、理解力，经常食用，利于脑细胞的再生，提高记忆力，预防老年痴呆症。此外，DHA可使视网膜变软，提高视网膜反射机能，强化视力，预防近视，EPA则可促进DHA在体内发挥作用。

金枪鱼鱼肉中的蛋白质含有丰富的氨基酸，食用金枪鱼既可以享受美食，同时又可以通过非药物手段补充氨基酸成分，有助于身体健康。

[金枪鱼]
金枪鱼的产卵期很长，产卵海域甚广，全年都有金枪鱼在各海域中产卵，加上其旺盛的繁殖力，全世界的美食者才得以享受它们的鲜美滋味。

世界上最懒的鱼类

管口鱼

管口鱼因嘴部像一只长长的吸管而得名，这种鱼游泳缓慢，常依附于大鱼捕食。

管口鱼的体色会随环境变化而变化，从橘红色或棕色至黄色都有，一般为褐色。它的体侧有 6 条浅色纵带；背、臀基部另具深色带；腹鳍基有黑色斑；尾鳍上叶，有时下叶常有黑圆点。管口鱼为肉食性，吸食小鱼或虾等。通常独自缓慢游动，会以静止的头下尾上倒立姿势，拟态成柳珊瑚或海鞭。猎食时，时常借助身体伪装从上面偷偷接近猎物，然后向下冲向猎物。可食用，亦常作为观赏鱼。

管口鱼是靠吃小鱼为生的。但是，管口鱼灵敏性不高，而且身小力弱，又没有尖牙利齿，所以对付小鱼也是挺难的，经常吃不饱肚子。长期的生活经验，使管口鱼想出了一个捕食的办法：骑鱼捕鱼。管口鱼总是隐蔽偷袭，等篮子鱼游过来，闪电般地骑到它背上，然后与篮子鱼共同找食吃。

[管口鱼]

管口鱼静止时会以头下尾上的倒立姿势拟态成柳珊瑚或海鞭，以烟管状的吻部吸食无防备的小鱼或虾。

别　　名：中华管口鱼、海龙须、牛鞭、篦箭柄

分布海域：印度－太平洋海域，西起非洲，东至夏威夷，北迄日本，南至澳洲、罗得豪岛；我国台湾各地均可发现

一生都在搬家的海洋动物

寄居蟹

寄居蟹主要寄居在螺壳，因其非常凶猛，常用其螯吃掉贝类的肉，霸占其壳为己有，且住房从不交租而得名，随着长大，它会更换不同的壳来寄居。

别　　名： 白住房、干住屋

分布海域： 我国黄海及南方海域的海岸边

寄居蟹一般生活在沙滩和海边的岩石缝隙里。寄居蟹以螺壳为寄体，平时负壳爬行，受到惊吓时会立即将身体缩入螺壳内。随着蟹体的逐渐长大，寄居蟹会寻找新的壳体换壳。

寄居蟹的房子有海螺壳、贝壳、蜗牛壳，甚至有由于生态环境恶劣用瓶盖来充当家的。寄居蟹刚出生时本体较为柔软，易被捕食，长大后，必须要找一个适合自己的房子，因此它们就会向海螺发起进攻，把海螺弄死、撕碎。然后钻进去，用尾巴钩住螺壳的顶端，几条短腿撑住螺壳内壁，长腿伸到壳外爬行，用大螯守住壳口。

这样，它就搬进了一个环保坚固的新家。寄居蟹生活在被它掠食的生物的铠甲里，却也因为这副铠甲，它必须背着跑来跑去，甚至让自己右螯脚大于左螯脚，或左螯脚大于右螯脚。

由于寄居蟹食性很杂，是杂食性动物，从藻类、食物残渣到寄生虫无所不食，它们因此又被称为海边的清道夫。

[寄居蟹]

寄居蟹多产于我国黄海及南方海域的海岸边，在沙滩和海边的岩石缝里容易发现，有时在竹子节、穗椰子壳、珊瑚、海绵等其他地方也能看到这种有"清道夫"之称的杂食性动物。

巨壳下的身姿

寄居蟹触身尾肢和尾节左面常较右面发达，有粗糙的角质褶。这种特化了的尾扇用来钩住螺壳内部，不致被拉出。当体躯逐渐长大时，能随时调换较大的空螺壳。生活在潮间带的寄居蟹种类常行动活泼，在深海的种类较迟钝。

寄居蟹以小的或死的动物为食，陆栖种为杂食性。雄性常比雌性大，为了争夺雌性，两只雄性寄居蟹常发生争斗。它们平时多在海边或浅水内爬行，如遇危险，立即缩入螺壳内，并以螯足塞住螺口。少数穴居的或寄居在角贝和蠕虫直管内的种类，腹部不弯曲。

寄居蟹常与其他动物共生，如艾氏活额寄居蟹的大螯上常着生海葵，另有些寄居蟹寄居在海绵动物或腔肠动物体内，由于这两类动物能继续生长，因此寄居蟹可以不必常调换新居。下齿细螯寄居蟹在螯足的长节下面内缘有一列齿，后端一齿特大，能够摩擦发声。

与他人和谐的彼此依存

大多数寄居蟹与刺胞动物的共生关系并非绝对的，其间的关系亦非一对一，多数的关系是互利共生。海葵的刺丝胞能为寄居蟹提供某些程度的保护；而海葵可在壳上获得栖息的硬基质，在寄居蟹觅食时还能获得碎屑。水螅虫也能为寄居蟹提供一些保护，并避免其他大型有害的附生物在壳上形成聚落；而水螅虫除了可获得碎屑外，也能借此避免被底质淹没，甚至当寄居蟹聚集时还能促进水螅虫的有性生殖。

在建立寄居蟹和海葵的共生关系时，双方均可能采取主动，视种类而异。两者均有固定的行为过程完成此关系，也可以人为方式来触发此行为过程。寄居蟹会把海葵置放在壳上的适当位置以获得重心的平衡或有效地防御敌人。无捕食者存在时，寄居蟹会逐渐丧失获得海葵的行为，然而有捕食者时，此行为会立即恢复。优势个体可从劣势者处取走海葵这一资源。

[寄居蟹]

牙膏盖寄居蟹也许让人第一眼看了觉得滑稽又可爱，但正是这张照片，反映了海洋污染的严重，最近也有研究称，海洋中有接近800万吨的垃圾，值得人们去正视这个问题。

[椰子蟹]

世界上现存500多种寄居蟹，绝大部分生活在水中，也有少数生活在陆地。更有一些寄居蟹不再寄居在甲壳里，而是发展出了类似螃蟹的硬壳，也叫硬壳寄居蟹，著名的椰子蟹即属此类。

热情似火的鱼类

金鳞鱼

金鳞鱼是一种非常受大众欢迎的观赏鱼，该鱼遍体红色，鳞片泛金色，所以俗称也叫"艳红"。

别　　名：艳红
分布海域：我国台湾及南海等海域

金鳞鱼的艳红体色在水族箱的灯光照射下显得大胆而亮丽，但实际上，对喜欢夜间活动的野生金鳞鱼而言，红色却是最佳的保护色，因为当光线通过水层时，红色光谱在浅水处很快就会被吸收，所以金鳞鱼的体色在自然环境下并不明显，呈现的是灰色而不是红色。

当金鳞鱼与其他鱼类相遇时，会发出"喀答"或"隆隆"等类似低吼的声音。它发声主要是靠鳔与肌肉的配合作用。金鳞鱼亚科中有些种类的鳔和头骨接触，研究结果显示和听觉有关。

金鳞鱼对饲养水质没有特殊要求，只要其他海水鱼能生活的环境其都可以接受，如果用高质量的水饲养，它们会长得十分健壮。金鳞鱼在海水缸中通常能长到 12 厘米左右，适合群养。它们的食物包括小鱼、浮游生物及其他无脊椎动物。刚入缸时，可以用活的盐水虾诱其开口，可以提供活的饲料虾、冻的干虾、切碎的海鲜作为食物。

金鳞鱼的理想生活环境是足够大的海水缸（超过300 升）、足够多的石头及密封的盖。最好同时入缸，这样会减少原来组成的小群对新鱼的攻击。如果有足够的活动空间和藏身地点，它们会和同类鱼相处得很好。

[金鳞鱼]

金鳞鱼属于夜行鱼，当灯光亮起来时会躲藏，所以饲养在水族箱中较难欣赏到它们四处游泳的景象。它们白天的时候隐藏在岩石洞穴和阴暗的地方，晚上才出来。人工饲养下，它们也会白天来进食供给的饵料，但需要一段时间的训导。金鳞鱼多半不能接受人工饲料，最好用虾肉喂养它们，它们很能吃，但生长速度不快。刚饲养的金鳞鱼多数是鲜亮的红色，但饲养几周后就会逐渐消退，有些个体甚至变成了白色，据推测可能和水的深度有关系。

海底牛奶

牡蛎

牡蛎富含蛋白锌，是很好的补锌食物，是所有食物中含锌最丰富的。亚热带、热带沿海都适宜牡蛎的养殖，在我国分布很广，北起鸭绿江，南至海南岛，沿海皆可产牡蛎。

牡蛎盛产于世界各地，在欧洲被形容为"河中的牛奶"。据英国《独立报》报道，法国一项研究显示，牡蛎的营养价值可不止牛奶这么简单，它能促进骨骼生长，治疗骨质疏松、关节炎等疾病，其中含有的大量锌元素也对人体有益。

| 别　　名： | 生蚝、蛎黄、海蛎子 |
| 分布海域： | 亚热带、热带沿海；我国分布很广，北起鸭绿江，南至海南岛，沿海皆可产出 |

[牡蛎]
据说古罗马帝国的宫廷就经常派人到沿海一带采集新鲜的生蚝供王公贵族享用。他们经常大开"蚝"门夜宴，并且把蚝誉为"海中美味——圣鱼"。

牡蛎吃什么、怎么吃

牡蛎是固着型贝类，一般固着于浅海物体或海边礁石上，以开闭贝壳运动进行摄食、呼吸。它是滤食性生物，以细小的浮游动物、硅藻和有机碎屑等为主要食物。牡蛎通过振动腮上的纤毛在水中产生气流，引水进入腮中，水中的悬浮颗粒被黏液粘住，腮上的纤毛和触须按大小给颗粒分类。然后把小颗粒送到嘴边，大的颗粒运到套膜边缘扔出去。

生蚝在《圣经》中被誉为"海之神力"。西方人把生蚝称为"海中牛奶"。有拿破仑的名言为证：生蚝是我征服敌人的最佳食品。

鸟类、海星、螺类以及包括鳐在内的鱼类均食牡蛎。牡蛎面临的其他生命威胁如牡蛎床会被一种叫作粉拖鞋的软体动物霸占，牡蛎被挤出来。此外，还有各种原生动物寄生虫导致的疾病及人类过度捕捞和工业排污也是牡蛎面临的危胁。

"海底牛奶"的营养功效

牡蛎中所含的丰富牛黄酸有明显的保肝利胆作用，这也是防治孕期肝内胆汁淤积症的良药；牡蛎所含的丰富微量元素和糖元，对促进胎儿的生长发育、矫治孕妇贫血和对孕妇的体力恢复均有好处。

牡蛎也是补钙的最好食品，它含磷很丰富，由于钙被体内吸收时需要磷的帮助，所以有利于钙的吸收；牡蛎还含有维生素 B_{12}，这是一般食物所缺少的，维生素 B_{12} 中的钴元素是预防恶性贫血所不可缺少的物质，因而牡蛎又具有活跃造血功能的作用。

牡蛎所含的蛋白质中有多种优良的氨基酸，这些氨基酸有解毒作用，可以除去体内的有毒物质，其中的氨基乙磺酸又有降低血胆固醇浓度的作用，因此可预防动脉硬化；牡蛎提取物有明显抑制血小板聚集作用，能降低高血脂病人的血脂和血中的 TXA2 含量，有利于胰岛素分泌和利用，又能使恶性肿瘤细胞对放射线敏感性增强，并对其生长有抑制作用。

牡蛎富含核酸，核酸在蛋白质合成中起重要作用，因而能延缓皮肤老化，减少皱纹的形成。随着年龄的增长，人体合成核酸的能力逐渐降低，只能从食物中摄取，人们日常所饮的牛奶在这方面远远不及"海底牛奶"的营养价值。

[恺撒大帝雕像]
传言，当初恺撒大帝远征英国，其中一个原因就是为了长期霸占泰晤士河肥美的生蚝，连拿破仑征战沙场之余，也不忘让手下为他准备最新鲜的生蚝来补充精力，而大文豪巴尔扎克曾经一天吃下了 144 个大生蚝，并在朋友面前沾沾自喜了好长一段时间，到现在，生蚝依然被称为"神赐魔食"。

美国国立癌症研究中心发表的研究报告中曾指出，牡蛎成分中含有的可以除去自由基的谷胱甘肽，是小肠细胞的 4.6 倍，是肝脏等其他器官最少 2 倍的含量。将牡蛎肉与粳米一起煮粥，能达到比较好的抗癌功效。

眼睛长在贝壳上

石鳖

石鳖的颜色和岩石一样，形状有点像陆地上的潮虫，适于吸附在岩石表面或匍匐爬行，是海洋浮游生物的重要组成之一。

石鳖的脚很肥大，大致为椭圆形，腹面很平，用以附着在岩石表面或在岩石上爬行，它们爬行的速度很慢，多半在夜间才行动。如果有足够的食物供应，它们可以在一个地点停留很长时间。

有人曾观察一种石鳖的活动情况，它在9个月中活动的范围不超过0.5平方米。北美的太平洋海岸有一种石鳖有进化得很有效的进食工具——舌齿，可以用它刮下长在石头上的水藻。但石鳖中的另类——戴面纱的石鳖却不吃素，它们用自己的面纱做成陷阱，当一些不知危险的小东西，如小鱼、小螃蟹，靠近戴面纱的陷阱时，石鳖立即拉下面纱，罩住猎物，然后用舌齿咀嚼这些猎物。

石鳖的头部没有眼睛，它们的眼睛长在身体背部的贝壳上面。石鳖的头盖在贝壳的下面，只有贝壳露在外面，能接触到光线，所以眼睛也只有长在这部分才有用。这是生物身体构造和环境条件统一的一个例子。

石鳖的眼睛非常多，按照一定的次序排列在贝壳上，前边的壳片上最多。有些石鳖的眼睛只能感觉到海水的振动或扰乱；有些石鳖眼中虽有角膜、晶体、色素层、网膜等结构，但也只能够感光。

[石鳖]

石鳖脚周围的外套腔中可以看到一圈环生的羽状鳃。水流从石鳖身体前端两侧的入水孔流入进水腔，然后由进水腔经过鳃流向出水腔，最后从身体后面的出水孔流至体外。如此循环不已，石鳖便通过鳃的海水进行气体交换，完成呼吸及循环作用。

别　　名：无

分布海域：遍布世界各
　　　　　地，特别是
　　　　　在气候温暖
　　　　　的地区

优雅的漂浮者

鹦鹉螺

鹦鹉螺的整个螺旋形外壳光滑如圆盘状，形似鹦鹉嘴，故此得名。鹦鹉螺已经在地球上经历了数亿年的演变，但外形、习性等变化很小，被称作海洋中的"活化石"，在研究生物进化和古生物学等方面有很高的价值。

别　　名： 无
分布海域： 印度洋和太平洋海区

鹦鹉螺诞生于 5.3 亿年前，曾是海中霸王，可轻易撕裂并吞下一两米长的动物。经历过"大灭绝"时代后，鹦鹉螺逐渐变小，直到今天，世界范围内仍不断有发现鹦鹉螺或其化石的报告，每一次都震惊全球。

鹦鹉螺有近似于脊椎动物水平的发达的脑，其循环、神经系统也很发达，眼构造简单；无墨囊；心脏、卵巢、胃等器官生长在靠近螺壁的地方，保护得很好。鹦鹉螺是雌雄异体，有着很大的卵。

鹦鹉螺是有螺旋状外壳的软体动物，是现代章鱼、乌贼的亲戚。鹦鹉螺的贝壳很美丽，构造也颇具特色，这种石灰质的外壳大而厚，左右对称，沿一个平面作背腹旋转，呈螺旋形。贝壳外表光滑，灰白色，后方间杂

[鹦鹉螺]

鹦鹉螺最早出现于 5.3 亿年前的寒武纪后期，到奥陶纪之后，迅速演化为海洋中最凶猛的肉食性动物之一，并且在整个地质历史时期都有"海中霸王"之称。直到今天，与鹦鹉螺同类的头足动物仍然是海中无脊椎动物中的"霸王"。

着许多橙红色的波纹状，壳由两层物质组成，外层是磁质层，内层是富有光泽的珍珠层。被解剖的鹦鹉螺像是旋转的楼梯，又像一条百褶裙，一个个隔间由小到大顺势旋开，它决定了鹦鹉螺的沉浮。

优雅的漂浮者

鹦鹉螺通常夜间活跃，日间则在海洋底质上歇息，以触手握在底质岩石上。鹦鹉螺生活在海洋表层一直到600米深处，气体的量必须能够调控，使它适应不同深度的压力。鹦鹉螺是肉食性动物，食物主要是小鱼、软体动物、底栖的甲壳类，特别以小蟹为多。经人工驯化后可在白天喂食，食用冷冻的鱼肉、鱿鱼及虾等。在暴风雨过后的夜里，鹦鹉螺会成群结队地漂浮在海面上，被水手们称为"优雅的漂浮者"。

["鹦鹉螺"号潜水艇]

在奥陶纪的海洋里，鹦鹉螺堪称顶级掠食者，它的身长可达11米，主要以三叶虫、海蝎子等为食，在那个海洋无脊椎动物鼎盛的时代，它以庞大的体型、灵敏的嗅觉和凶猛的嘴喙霸占着整个海洋。

生态意义

人类模仿鹦鹉螺排水、吸水的上浮、下沉方式，制造出了第一艘潜水艇。1954年世界上第一艘核潜艇"鹦鹉螺"号诞生，可在最大航速下连续航行50天、全程3万千米而不需要加任何燃料。该艇与当时的普通潜艇相比，航速大约快了一半。整个核动力装置占船身的一半左右。艇体外形与内部、动力仪器与作战装备，都是最精密的科学产品，用最流线型的外貌与简便的控制装配起来，与普通潜艇相比，"鹦鹉螺"号艇体外壳显得更为厚实，潜水深度在150米以下，在深海中行进时，凭其特装的声呐，可以自由探路，绝无触礁撞石的危险。

1952年9月阿尔及利亚主办第十九届国际地质大会，首次为大会发行了一套纪念邮票，其中第一枚邮票上出现的就是鹦鹉螺化石，它距今已有4.5亿年的历史。此后，鹦鹉螺化石图片就频频在邮票上出现。

珍贵的食材

象拔蚌

象拔蚌因其又大又多肉的水管很似大象的鼻子（象拔）而得名。

别　　名： 皇帝蚌、女神蛤、太平洋潜泥蛤

分布海域： 美国和加拿大北太平洋沿海

象拔蚌以海水中的单细胞藻类为食，也可滤食沉积物和有机碎屑。象拔蚌的主要敌害是蟹、海星、蜗牛及蝴蝶鱼等，成贝栖居于海底，有较强的自我保护能力。

象拔蚌是一种海产贝类，个体有大有小，栖息地因种类而异。通常其两扇壳一样大，薄且脆，前端有锯齿、副壳、水管（也称为触须），水管很像一根肥大粗壮的肉管子，当它寻觅食物时便伸展出来，形状宛如象拔一般，故得象拔蚌之美名。

象拔蚌营养价值高，食疗效果好，但是由于生活于深海的沙底，捕捉时需用压缩机将海底沙粒吹开，再派潜水员拾取，通常每只重750～1500克，捕获象拔蚌非常费时费力，因此导致价格很贵。

模样古怪的象拔蚌虽然难入美国本地食客的法眼，但在中国取消对美国西海岸贝类产品的进口禁令后，"捉拿"象拔蚌从美国当地人日常的一种乐趣，瞬间变成了"淘金"的机会。象拔蚌的模样首先让人们必须承认，它能有个"帝王蚌"的诨号不是毫无道理的。据说，最大的象拔蚌能达到7.25千克，它的象征意义和入口的美味是这种海产品征服国人胃的"独门武功"。

[象拔蚌]

象拔蚌是商业名称，其种名为太平洋潜泥蛤，是已知最大的钻穴双壳类，壳长18～23厘米，水管可伸展1.3米，不能缩入壳内。

世界上体型最大的蟹

高脚蟹 ∷∷∷

高脚蟹是世界上体型最大的蟹，也是现存体型最大的节肢动物，生活在深海中。

[高脚蟹]

高脚蟹又名巨螯蟹、杀人蟹，生活在大约 400 米深的海底。它是世界上最大的螃蟹，伸展的蟹腿最长可达 4 米。

分布在日本东京湾和千叶县以南的太平洋沿岸的高脚蟹，生活在半深海中。这种底栖大型蟹类，体呈紫红色，头胸甲形似葫芦，长 40 厘米，宽 33 厘米。蟹足细而长，雄蟹的螯足长 2 米余，雌蟹的近 1 米，如把左右螯足敞开，相距可达到 4 米以上。它是迄今所知最大的蟹。这种蟹是日本的特产，产量高，味鲜肉嫩，富有营养，经济价值高，每年加工的蟹肉罐头销往国内外市场，深受欢迎。

别　　名：甘氏巨螯蟹
分布海域：日本近海，以
　　　　　日本骏河湾的
　　　　　较著名
　　　　　∷∷

大长腿之谜

高脚蟹是在海底生活的动物，行走在水底。在水底行走和在陆地上行走有几点不同：一是躯体在水中由于浮力作用而上浮，脚不易稳定地接触水底；二是水底摩

骏河湾可以捕到的高脚蟹个体非常庞大，所有蟹脚都伸展开的话可达4米，是世界上最大的螃蟹。静冈县高脚蟹的捕获量为日本第一。蟹肉非常紧实，口感十足。

值得一提的是，活蟹体内的肺吸虫——高脚蟹虫幼虫囊蚴感染率是很高的，肺吸虫寄生在肺里，会刺激或破坏肺组织，能引起咳嗽，甚至咯血，如果侵入脑部，则会引起瘫痪。据专家考察，把螃蟹稍加热后就吃，肺吸虫感染率为20%，吃腌蟹和醉蟹，肺吸虫感染率高达55%，而生吃蟹，肺吸虫感染率高达71%。肺吸虫囊蚴的抵抗力很强，一般要在55℃的水中泡30分钟或20%盐水中腌48小时才能杀死。生吃螃蟹，还可能会被副溶血性弧菌感染，副溶血性弧菌大量侵入人体会发生感染性中毒，表现出肠道发炎、水肿及充血等症状。

擦力小，像在冰上行走一样容易打滑；第三，躯体受水流的阻力超过脚下的摩擦力。

要在海底行走，从物理学上来看，可以加大躯体比重，缩小脚掌的面积，就像冰鞋一样，加大压强，增加摩擦力；或者加大步幅，减少与水底的接触，高脚蟹正是长着尖细的脚尖和长着极长的长腿，符合物理学上的原理，它们走起来就像在重力小的星球行走的太空步。

高脚蟹由于适应海底生活而长成长腿和尖细的脚尖，加大了步幅和对海底的摩擦力，人类要在重力小的月球或其他星球上行走也可以像高脚蟹一样穿上尖削形鞋底的鞋。

执"握手"之礼

每年的4—5月间是高脚蟹的繁殖季节，它们漂游到水深60～100米的浅海底上，雌雄彼此寻找合适的配偶，一旦物色到满意的对象，雄蟹会彬彬有礼地伸出长而有力的大螯紧紧握住雌蟹的大螯长节，它们"握手"时间有长有短，长的可达3～8天。

在"握手"的几天中，它们既不活动也不摄食，雌蟹趁此赶快脱壳，这时雄蟹自行松"手"暂时相互离开。脱壳完毕，雌蟹蹲伏海底，展开腹部与头胸甲成垂直状，准备产卵，雄蟹则再度凑近，当雌蟹大量排卵时，雄蟹立即对排出的卵受精。受精卵附在雌蟹腹肢上发育。刚孵出的幼蟹形状与它们的父母完全不同，它们过着浮游的生活，以浮游生物为食，从幼蟹到成蟹要经过多次变化，它们生长的速度非常快，幼蟹到后期开始移向深水，最后回到半深海生活。

灾难制造者

红王蟹

红王蟹巨大的钳子能一下夹断人的手指。红王蟹能够给海洋世界里的其他生物带来巨大的灾难。

红王蟹的体型比一般的螃蟹大很多，它们在挪威的西部海岸"横冲直撞"，一路上吃光了贝类、鱼卵等所有可以吃的东西。环保人士担心，红王蟹可能最终会给当地以及西班牙和葡萄牙的海洋环境带来毁灭性的打击。

红王蟹的一只腿就足够一名成年男子饱餐一顿。它们在日本和美国被当作美味佳肴，价格不菲。在挪威，1磅（1磅 ≈ 0.453千克）红王蟹肉的价格是27美元。

别　名：堪察加石蟹
分布海域：从白令海峡的堪察加半岛到朝鲜半岛的远东水域，以及日本海、鄂霍次海、北太平洋的高寒海区，都有红王蟹栖息

20世纪60年代，苏联领导人斯大林为解决战争造成的饥荒，下令从太平洋引进这种体大肉嫩的蟹，将它们放养进北冰洋的巴伦支海域。不知什么原因，近年来红王蟹数量猛增，成为北方海域的海底一霸。

红王蟹成群结队，疯狂吞吃蛤和各种贝类动物，也吃海藻、死鱼和鱼卵。过去，挪威潜水员一把能抓起许多蛤，如今红王蟹经过之处只剩下累累空壳，成为水底沙漠。

世界环保组织的专家呼吁人们重视这件事，请有关国家采取措施保护海洋生物和环境。这件事又给人们上了一课：不要随意引进外来物种，因为没有天敌的外源种会造成环境灾难。

红王蟹的迅猛推进已经促使一些挪威海洋专家呼吁政府给予补贴，以便对红王蟹发动一场"闪电战"，阻止它们迅猛南下。

海底狙击手

博比特虫 ∴∴∴∴

海洋里生活着各种各样的生物，其中不乏一些令人恐惧的物种，一种叫作博比特虫的海洋虫子体长能达到 3 米，它们潜藏在海底沙层里，只暴露身体的一小部分，然后静静伏击，等待猎物的到来并发起致命攻击。博比特虫被认为是世界上体型最大、最长的多毛类动物，别看它只是一只不起眼的大虫子，它可是堪比恐龙、鳄鱼的凶猛肉食性动物，它从不放过那些游经身边的鱼类。

别　　名：无

分布海域：在全世界的温暖海域都有发现

[博比特虫]

博比特虫的体型惊人，在全世界的温暖海域都有发现。早在 19 世纪，海洋学家就已经认识到它们是体型最长的多毛类动物，不仅如此，它们还具有环节。

博比特虫的身体具有漂亮的彩虹色，它们常在夜间活动，主要生活在 10 ～ 40 米深的海底。博比特虫大部分时间都将自己埋在海底的沙子中，仅把身体的一小部分伸到水里；这些美丽的虫子伸出来的部位上长有 5 条触须，能够灵敏地感知猎物，通常是小型的蠕虫和鱼类。

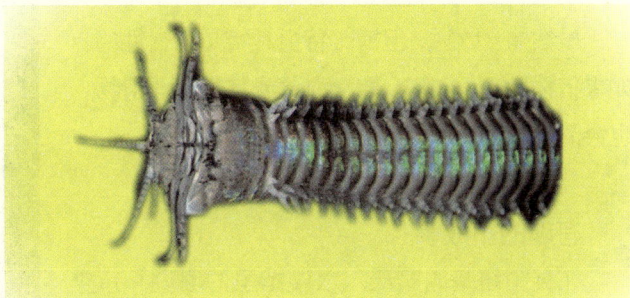

博比特虫的身体上具有环节，平均身长为 1 米左右，目前发现的最长纪录为 3 米左右，但科学家们相信，如果生存环境适宜，并且没有天敌的干扰，博比特虫有可能长到 5 米长。2009 年，在濑户渔港发现了一条巨大的博比特虫，这条虫子躲藏在一艘系泊筏的漂浮物中。被发现的时候虫子已经长到了 3 米，体重近 0.5 千克，拥有 673 个环节，这是目前为止发现的最大的博比特虫。

海洋生物学家很少会在野生环境中发现博比特虫，有时会在水族馆中发现它们的踪迹，博比特虫在水族馆中会将身体隐藏在养鱼池的珊瑚之中，袭击游到它们身边的鱼类。

瞬间撕裂猎物的捕猎神器

博比特虫的进食器官十分复杂，被称为"咽头"，能由内向外翻转。在其末端具有锋利的下颚，一旦猎物被抓住，博比特虫往往能以迅雷不及掩耳之势将其斩为两段。

有时候人无意中接近，也可能遭其"毒口"。捕到猎物之后，博比特虫便立即躲进自己的洞中进食。博比特虫具有很强的攻击性，其超快的速度和超强的攻击能力能够将鱼类瞬间撕成两半。这对猎物来说，或许是最痛快的结局，如果最初仅仅是被咬伤，它们就会被拖入博比特虫的洞穴里，遭受噩梦般的折磨。博比特虫还会向猎物的身体注入毒素，这种毒素可以帮它消化。

虽然捕食凶猛，但博比特虫其实是杂食性的。如果猎物稀少，它们会取食海草或其他海洋植物，也会清除藏身处周围的少量腐烂食物。

有趣的小故事

在英国纽基的康沃尔水族馆里的珊瑚和鱼类经常发现被破坏，甚至有被切为两半的情况。人们对此情况百思不得其解。最后通过彻底的检查，人们发现罪魁祸首是一条硕大的博比特虫。水族馆的管理者马特·斯莱特说："有东西在大肆吞噬珊瑚，但我们对其一无所知，我们还发现了一条受伤的刺尾鱼，于是我们设了陷阱，但到了晚上就被撕开了。虫子显然把陷阱搞坏了，诱饵里放满了钩子，现在估计也在它肚子里了。"

据英国《每日邮报》报道，一名美国男子在自家鱼缸中发现一条隐藏两年、长约1米的巨型博比特虫，视频一经上传，点击率迅速超过17.3万次。

据该男子讲述，这条博比特虫应该在鱼缸中隐藏了两年，但由于它一直藏在岩石里，只有晚上才出来捕食，再加上行为比较隐秘，所以未被发觉。直到后来，他突然注意到鱼缸中珊瑚虫一夜间全部消失，鱼的数量也不断减少，才花费时间监测鱼缸的变化，最终找到罪魁祸首。

[博比特虫]

优质食品

马鲛鱼

马鲛鱼是沿海渔民最常见的鱼类之一，其体形狭长，像一枚鱼雷。

[马鲛鱼]

马鲛鱼属暖性上层鱼类，以中上层小鱼为食，夏秋季结群向近海洄游，一部分进入渤海产卵，秋汛常成群索饵于沿岸岛屿及岩礁附近，为北方海区经济鱼之一。

别　　名：鲅鱼
分布海域：北太平洋西部，
　　　　　我国东海、黄
　　　　　海、渤海

马鲛鱼俗称鲅鱼，是我国东南沿海一带最普遍的经济鱼类之一，有"谷雨到，鲅鱼跳，丈人笑"的俗语。在青岛，女婿给老丈人送春鲅鱼的风俗很浓，不管是刚刚结婚的新人还是五六十岁的老女婿，凡是岳父母还健在，就会提着亮亮的大鲅鱼给老丈人送去。这个传统已经有上百年的历史了，而它就是从沿海的渔民中兴起的。

不只是在青岛，在我国东南沿海地区，对马鲛鱼都有不同程度的喜欢，就连马鲛鱼名字的由来都有一段动人传说。

"马鲛鱼"是对孝子的赞颂

从前，有位忠厚慈善的老大娘收养了一个叫小马的外地流浪儿。小马是个诚实厚道的人，大娘看中他人品好，就将女儿许配给他。有一天，大娘病倒，很想再吃一次鲜鱼，可是天刮大风，无法出海捕鱼。善良的小马想着老人去日无多，想尽量满足她的要求，便顶风冒险出海打鱼。可当他急如星火地提着刚捕到的海鱼回家时，老人却已谢世了。小马与妻子抱头大哭，只好把鲜鱼蒸熟后供祭在老人灵位前。此后，每年老人忌辰，小马夫妻都用这种海鱼祭拜老人。渔村人被这对夫妻行孝感恩的事迹所感动，便把这种看似小鲨鱼的海鱼叫做"马鲛鱼"，表示对孝子的赞颂。

没有马鲛不成宴

"没有马鲛不成宴"是过去东南沿海的一句食谚，婚喜吉庆宴请嘉宾都少不了它。马鲛鱼少刺、肉嫩、味美，油炸、氽汤、清蒸、炒鱼片、捶鱼丸、做鱼松等无一不适宜，这也是马鲛鱼的魅力所在。

一般认为尾巴的味道特别好，素有"鲳鱼嘴，马鲛尾"之说，但其实马鲛鱼全身上下都是美味。马鲛鱼头因为骨软，鲜味留在鱼骨里更加鲜美。中间部分的鱼肉因为刺少肉厚，入口即化。马鲛鱼除鲜食外，还可加工制作成罐头或咸干品。民间有"山有鹧鸪獐，海里马鲛鲳"的赞誉。胶东人对食用鲅鱼（马鲛尾）颇有创意，有久负盛名的系列知名小吃，如鲅鱼水饺、鲅鱼丸子、鲅鱼烩饼子、熏鲅鱼、红烧鲅鱼等，已成为青岛、烟台、威海一带的名吃，外地游客慕名来此，以争相品尝为快。尤其是鲅鱼氽丸汤，那真是丸香、汤鲜、味美的海鲜一绝，更是四季皆宜、老少皆宜、中外皆宜、食客同赞的人间美食。此外，鲅鱼还具有提神和防衰老等食疗功能，常食对治疗贫血、早衰、营养不良、产后虚弱和神经衰弱等症会有一定辅助疗效。

马鲛鱼的盛渔期在 5—6 月份。马鲛鱼居上层，游速快、喜活食，其肉质细腻、味道鲜美、营养丰富。

马鲛鱼产于东海，只有清明前后才来象山港洄游产卵，象山港的水温不高不低，加之淡海水交汇，得天独厚的条件造就此时的马鲛鱼肉肥鳔厚、味道最鲜美。此时的象山港马鲛鱼，遍体带着蓝绿色光泽，脊肉里没有一丝黑迹，被称为"蓝点马鲛鱼"，而象山港畔的渔民更爱称呼其为"头水马鲛鱼"。新鲜的马鲛鱼肉质坚实，肉呈蒜瓣状，肉多刺少，色泽微红，营养价值高。

[香煎马鲛鱼]
马鲛鱼每百克肉含蛋白质 19 克多、脂肪 2.5 克，肉坚实，味鲜美，营养丰富。除鲜食外，也可加工制作罐头和咸干品。其肝是提炼鱼肝油的原料。

海洋鱼医生

霓虹刺鳍鱼 ⋮⋮⋮

霓虹刺鳍鱼又名清洁鱼，是一种生活在海洋里的鲜艳夺目的小鱼，因其专食大鱼口中或伤口处的细菌等微生物而得名。

★·═══════·❦·═══════·★

别　名：清洁鱼、鱼大
　　　　夫、鱼医生
分布海域：澳洲东部
⋯

海洋清道夫

澳洲东部的珊瑚礁海域中有一种叫清洁鱼的神奇小鱼。鱼如其名，清洁鱼的工作正是用自己的身体将过往的各种鱼类都清洁一遍。同时，清洁鱼自己也可以饱餐一顿。每条清洁鱼都有自己的地盘，而且它们总是那么忙碌。任何鱼都可以成为它们的"顾客"，不管多么奇形怪状，渺小或者威严。

[霓虹刺鳍鱼]

鱼类和人类有某些共同之处，它们也经常遭到微生物、细菌和寄生虫的侵蚀。这些寄生虫往往寄生在鱼鳞、鱼鳍和鱼鳃上，甚至还在鱼的嘴里牙缝间。因此就需要清洁鱼，给它们做一次清洁。

因受到细菌等微生物和寄生虫的侵袭而生病的大鱼前来求医时，首先会张开大口，小小的清洁鱼便能进入它嘴里、喉咙里和牙缝间。清洁完后，大鱼便舒舒服服地游走了。它们没有任何药物和器械，只凭嘴尖去清洁病鱼伤口上的坏死组织和致病的微生物以及动物所残留的物质，而这些被"清除"的污物却成了它们赖以生存的食物。

有些凶悍的肉食性鱼类会让别的鱼闻风而逃，而当清洁鱼面对这类鱼时，甚至还会为其提供额外的口腔清洁，而且在"服务"期间从未发生过事故，有时还"免费赠送"清洁鱼鳃的服务。就连凶猛的大海鳝，也从不把清洁鱼当猎物，为的是让小家伙把自己好好清洁一下。

清洁鱼既不懂得攻击其他鱼类，也不懂得伪装自己，只是默默无闻地为别的鱼服务，且乐在其中，故能在凶险的环境中与众鱼和谐相处，安享太平。

"医生"和"患者"共生现象

在波涛汹涌、辽阔无垠的海洋里，有许多"鱼医生"，其中霓虹刺鳍鱼称得上是小巧而热心的"鱼医生"了，它们喜欢单独或成对活动，似无家可归的游鱼。霓虹刺鳍鱼给长细菌、寄生虫和生腐烂肉等的鱼"治疗"，并非因为它们真的是"鱼医生"，而是它们长期以来寻找食物的方式和途径。它们从"患者"身上找到细菌、寄生虫和烂肉等作为食物，来维持自己的生存。天长日久，就形成了这种"医生"和"患者"的关系——这是自然界中的共生现象。

另外，这种鱼也是一种雌雄同体动物。在这种鱼身上，大男子主义发展到了登峰造极的地步。一条雄鱼拥有"三妻四妾"，这些雌鱼都不准离开雄鱼的活动水域，它们也不会团结起来反对这位蛮不讲理的"丈夫"。有时，一条雄鱼后跟着 2 ~ 5 条雌鱼，它们排成一长串，其先后次序是严格按等级排列的。雄鱼死了，地位最高的那条雌鱼就成为这群鱼的首领，不出几天，它身上会自动长出雄性生殖器而变成一条真正的雄鱼，而剩下的雌鱼则成了它的妻妾。

最大的敌人是同类

每条清洁鱼都有自己的地盘，而且占有欲望特别强烈，一旦它在某块地盘上确立了优势，它就认为这块地盘是最安全的地方，绝不允许其他同类踏入半步。否则，就会跟它争个你死我活。因此，在珊瑚礁海域，经常可以看见清洁鱼互斗的场面，而最终肯定会有一条死于非命。

曾经有科学家做过一个实验：他们把一小片区域的清洁鱼全部捉走，两周后，这个区域里的大部分鱼的鳞、鳃、鳍等部位出现了不同程度的皮肤病。这足以证明清洁鱼对整个海洋鱼类的作用。

[治疗中的鱼医生]

至今令人不解的是："生病"的鱼类在接受"鱼医生"治疗的同时会改变身体的颜色，它们的身体会由浅色变为红色，或由银色变成古铜色，这或许是在告诉"鱼医生"自己哪儿不舒服吧！

到目前为止，人们已经发现了 50 余种这样的清洁鱼，它们把"诊所"开在珊瑚礁、海藻丛中或沉船边。有趣的是，平时看似凶猛的鱼，患病后都会乖乖地游到"诊所"，张开嘴巴，让清洁鱼钻进自己的嘴里。如果在治病的时候，有其他鱼来袭击，大鱼绝不会丢下"鱼医生"自己逃命，而是先把清洁鱼带到安全的地方。

谈之色变的海底霸王

食人鲨

食人鲨也称大白鲨，一般生活在开放洋区，但常会进入内陆水域，是地球上最大的食肉动物之一。

别　　名： 大白鲨

分布海域： 各热带、亚热带和温带海区，在澳洲海域最为常见

鲨鱼有"海上恶魔"之称，渔民或海员无不谈鲨色变。而在鲨鱼中最厉害的当属食人鲨了。食人鲨也叫大白鲨，是鲨鱼中的巨无霸。

鲨鱼在寻找食物时，通常一条或几条在水中游弋，一旦发现目标就会快速出击吞食之。特别是在轮船或飞机失事，有大量食饵落水时，它们会群集而至，处于兴奋狂乱状态的鲨鱼几乎要吃掉所遇到的一切，甚至为争食而相互残杀。

[食人鲨]

食人鲨一般只吃活食，主要食物如海豹、金枪鱼等都游泳快速及敏捷，因此食人鲨能成功捕获的机会很低。为了有效捕捉猎物，食人鲨一般采取突击。它们有时也吃腐肉，食物以鱼类为主。有人在鼬鲨胃中发现了海豚、水禽、海龟、蟹和各种鱼类等；在食人鲨胃中也曾取出一头非常大的海狮；双髻鲨的食物是鱼和蟹；护士鲨、星鲨的饵料以小鱼、贝类、甲壳类为主。

鲨鱼属于软骨鱼类，身上没有鱼鳔，调节沉浮主要靠它很大的肝脏。例如，在南半球发现的一条 3.5 米长的大白鲨，其肝脏重量达 30 千克。科学家们的研究表明，鲨鱼的肝脏依靠比一般的甘油三酸酯轻得多的二酰基甘

油醚的增减来调节浮力。

海中霸王

在众多的海洋鱼类中，提起凶狠残暴的食人鲨，人们无不谈之色变。著名的灾难影片《大白鲨》，讲的就是大白鲨给人类带来的威胁和灾难的故事。这个属常易与现代白鲨混淆，这是由于它们的生活方式看起来近似，但这仅是表面上的，两者的关系相差甚远。生性贪婪的食人鲨有许多适应环境的特殊本领，因此，历经 1 亿年的磨炼，食人鲨始终没有被大自然淘汰。

食人鲨的身体修长，骨骼为坚韧的软骨，它们的尾鳍宽大而有力，不仅是极有用的运动器官，还可以用来攻击敌人。它们的嗅觉非常灵敏，一点点血腥味就能很快地将它们吸引过来。食人鲨的牙齿像一把把利刃，齿上又生出锯齿，仿佛一把把锋利的锯子。这些牙齿成排地长在嘴里，一旦落进这样的牙齿丛林中，立刻会被磨成肉酱。

可怕的武器

鲨鱼牙齿的形状很奇特。食人鲨的牙齿边缘具有细锯齿，呈三角形；大青鲨的牙齿则大而尖利；而鲸鲨虽躯体庞大，但它的牙齿却是短细如针；锥齿鲨的牙齿呈锥状且长而尖；长尾鲨的牙齿则是扁平的呈角状；姥鲨的牙齿既细小又多，似米粒；虎鲨的牙齿宽大呈臼状等。鲨鱼的牙齿形状之所以繁多，与其生态食性是极为密切相关的。鲨鱼牙齿的咬和力是海洋动物中最强有力的，常有轮船推进器被鲨鱼咬弯，船体被鲨鱼咬个破洞的事故发生。

1989 年 1 月 28 日，在美国洛杉矶以北不远的海面上，随浪漂来一具女尸。女尸身上伤痕累累，仅腿部一处伤口的宽度就达 33 厘米。人们很快就查到了她的身份，她的名字叫塔曼娜·麦坎尼斯特，24 岁，是洛杉矶加利福尼亚大学的硕士研究生。4 天前，她和男友斯托达德乘橡皮艇出海，接着便失踪了。人们根据死者身上的情况和出事地点判断，他们是遇上了大白鲨。像这样有关大白鲨吃人的消息层出不穷，一提起大白鲨，人们就不寒而栗，把它称为"白色的死神"。

据统计，每年数以亿计在大海里游泳的人中，只有五百万分之一遭到大白鲨的袭击，而其中的 80% 只是受了点伤而已。但它们为什么要袭击人呢？有人认为，那纯属判断错误，它们误将落水者或在海里游泳的人当成海豹或海狮。还有人认为，大白鲨向人进攻，可能是向闯进它们领地的人发出的警告。也有人认为，大白鲨向人进攻，也许是它们体内某种平衡机制被扰乱所致。人们还发现，像凶神恶煞一般的大白鲨竟然怕橙黄色。只要放一块橙黄色木板在大白鲨旁边，它就会马上走开。这又是怎么回事呢？由于大白鲨性情凶猛，喜欢单独活动，且广泛地分布在世界大部分海洋里，这些都给研究工作带来了很大的困难，人们至今也没有弄清楚其种群的数量。

海洋的耳朵

鲍鱼

鲍鱼是中国传统的名贵食材，是四大海味之首。直至现今，在人民大会堂举行的多次国宴及大型宴会中，鲍鱼经常榜上有名，成为中国经典国宴菜之一，被人们称为"海洋的耳朵"。

[鲍鱼]

鲍鱼壳的背侧有一排贯穿成孔的突起。软体部分有一个宽大扁平的肉足，软体为扁椭圆形，黄白色，大者似茶碗，小的如铜钱。鲍鱼就是靠着这粗大的足和平展的跖面吸附于岩石之上，爬行于礁棚和穴洞之中。鲍鱼肉足的附着力相当惊人。一只壳长15厘米的鲍鱼，其足的吸着力高达200千克。任凭狂风巨浪袭击，都不能把它掀走。只能乘其不备，以迅雷不及掩耳之势用铲铲下或将其掀翻，否则即使砸碎它的壳也休想把它取下来。

别　　名：海耳、鳆鱼、镜面鱼、九孔螺、将军帽等
分布海域：以太平洋沿岸及其部分岛礁周围分布的种类与数量最多，印度洋次之，大西洋最少，北冰洋沿岸无分布
……

鲍鱼，学名皱纹盘鲍，喜栖息于盐度高于3‰、透明度高、水深1～20米的潮下带海区，以足部吸附于水清、湍急、藻类丛生的岩礁海底。鲍鱼呈深绿褐色，壳内侧紫、绿、白等色交相辉映，显得珠光宝气。

鲍鱼传说

传说很早以前，整个长岛海区都是海珍的自由世界，无论是扇贝还是鲍鱼，都可以自由自在地生活，然而，凶恶贪婪的北海龙王动了贪念，想将此地据为己有，他找来龟丞相商量，龟丞相对龙王说："大王可派虾兵蟹将把扇贝、鲍鱼都赶到珍珠门以北，命令它们不得擅自离开。可封对虾为镇南将军，并赐给它一双铁钳，凡想逃出珍珠门南去的，一律杀无赦！"北海龙王一听，高兴极了，立刻下旨封对虾为镇南大将军，专门管理鲍鱼等海珍。对虾则命令海胆看管它们。

鲍鱼被关在珍珠门以北的地区，总想回到南边老家去，直到第三天趁海胆睡着了，鲍鱼逃出了珍珠门，一直往南逃去。

海胆匆忙地跑到龙王跟前，报告鲍鱼逃跑的消息。龙王一听，赶忙祭起"巡海镜"瞭望，果然看见鲍鱼都逃出了珍珠门，他勃然大怒，立即呼风唤雨，霎时狂风大作，浊浪滔天，连海底千年的淤泥也被搅动起来，海水成了一片黄色。可怜的鲍鱼们刚刚逃出珍珠门，就全部被憋死在泥沙之中了。从此以后，鲍鱼们再也不敢跨出珍珠门了。

海胆因玩忽职守被砍了头，一直到今天海胆也没脑袋；对虾因用人不当，被砍去了双钳，赐给了前去接替它的螃蟹。螃蟹从此以后有了一对铁夹利爪，便开始了它横行霸道的生涯。

自古备受推崇的美味之一

鲍鱼含有丰富的蛋白质，还有较多的钙、铁、碘和维生素 A 等营养元素。鲍鱼能养阴、平肝、固肾，可调整肾上腺分泌，具有双向性调节血压的作用。鲍鱼营养价值极高，富含丰富的球蛋白。

中医认为鲍鱼具有滋阴补阳、止渴通淋的功效，是一种补而不燥的海产，吃后没有牙痛、流鼻血等副作用，多吃也无妨。《食疗本草》记载，鲍鱼"入肝通瘀，入肠涤垢，不伤元气。壮阳，生百脉"。主治肝热上逆、头晕目眩、骨蒸劳热、青盲内障、高血压、眼底出血等症。中药称鲍鱼的壳为石决明，因其有明目退翳之功效，古书又称之为"千里光"。

现代研究表明，鲍鱼肉中能提取一种被称作鲍灵素的生物活性物质。实验表明，它能够提高人体免疫力，破坏癌细胞代谢过程，提高抑瘤率，却不损害正常细胞，有保护免疫系统的作用。

康熙曾在平定噶尔丹叛乱的庆功宴上，命御厨给每位将军煮了一只鲍鱼，笑道："朕御驾亲征，多得各位卿家臂助，故赏每人'御膳亲蒸'鲍鱼一只。"众人大乐。自此鲍鱼列为清廷宫宴必备珍品，后来更发展出皇宫"全鲍宴"。

鲍鱼喜欢生活在海水清澈、水流湍急、海藻丛生的岩礁海域，摄食海藻和浮游生物为生。20 世纪 80 年代，辽宁省鲍鱼人工育苗成功，并在人工筏式养殖方面取得进展。

水上大熊猫

中华白海豚

中华白海豚是宽吻海豚及虎鲸的近亲。很多百姓及渔民均以为中华白海豚是一种鱼类，其实它们和其他鲸及海豚一样都是哺乳动物，它们的身体和人类一样恒温，用肺部呼吸、怀胎产子及用乳汁哺育幼儿。

[中华白海豚]

中华白海豚很少进入深度超过 25 米的海域，主要栖息地为红树林水道、海湾、热带河流三角洲或沿岸的咸水中。我国沿岸的中华白海豚有时进入江河中。据不完全统计，近年来，佛山地区内陆河道发生多起中华白海豚出没的现象，从 2004 年开始，佛山水域内已经陆续发现 8 头中华白海豚，可惜多已受伤或发现时已经死亡，仅有一头在海事部门的护送下，成功游回大海。

别　名：妈祖鱼、粉红海豚、镇江鱼、太平洋驼海豚

分布海域：西太平洋、印度洋，常见于我国东海

关于中华白海豚，我国最早的发现记录是在唐朝。清朝初期，广东珠江口一带称它为卢亭，也有渔民称之为白忌和海猪。虽然名为"白海豚"，然而刚出生的中华白海豚体呈深灰色，年轻的会呈灰色，至于成年的则呈粉红色。

中华白海豚身上的粉红色并不是色素造成的，而是表皮下的血管所引致。这与调节体温有关，一般会从初生时的深灰色慢慢褪淡为成年时的粉红色。

中华白海豚不集成大群，常 3 ~ 5 头在一起，或者单独活动。除了母亲及幼豚，中华白海豚组群不会有固定的成员。它们的群居结构非常有弹性，而组群的成员也时常更换。

根据记载，组群最多可有 23 头白海豚，而平均为 4 头。它们性情活泼，在风和日丽的天气，常在水面跳跃嬉戏，有时甚至将全身跃出水面近 1 米高。它们的游泳速度很快，有时可达每小时 12 海里以上。

在各种渔船中，中华白海豚特别喜欢在双拖船后觅食，而在双拖船后的海豚组群也比其他的大很多。中华白海豚与陆生哺乳动物一样肺部发达，用肺呼吸，呼吸的时间间隔很不规律，有时为 3 ~ 5 秒钟，有时为 10 ~ 20 秒，也有时长达 1 ~ 2 分钟以上。它们的外呼吸孔呈半月形，开放于头额顶端，呼吸时头部与背部露出水面，直接呼吸空气中的氧气，并发出"Chi-Chi-"的喷气声。

中华白海豚的寿命一般为 30 ~ 40 年，3 ~ 5 岁达到性成熟，常年都可交配，发情期多集中在 4—9 月的温暖季节，妊娠期为 10 ~ 11 个月，每胎产一仔。刚出生的幼豚体长接近 1 米，幼体出生时尾部先从母体内露出（陆生哺乳动物头先露出），主要是为了防止出生过程中幼婴呛水而死。出生后即由母豚带领学游泳，母豚有乳汁分泌，哺乳期为 8 ~ 20 个月。由于整个哺乳过程母子形影不离，保护周到，幼豚的成活率比其他水生动物成活率要高得多。

中华白海豚眼睛较小，位于头部两侧，眼球为黑色，视力较差，其辨别物体的位置和方向主要靠回声定位系统，在鼻孔下有一个气囊，靠鼻塞肉的开闭发声，这种声线在前额隆起处由一个脂肪组成的特有器官集中，按一定的频率进行发射；声音碰到不同的物体反射回来不同的频率信号，通过海豚下颚一个由脂肪组成的凹槽接收，传入内耳进行定位。这个回声定位系统虽然复杂，但反应极其迅速准确，可以测出前面物体的大小、形状、密度结构和属性，并作出判断和反应。海豚这种特殊功能已被生命科学部门和军事部门进行仿生学研究。

[中华白海豚]

中华白海豚在我国主要分布在东南部沿海，据文献记载，最北可达长江口，向南延伸至浙江、福建、台湾、广东和广西沿岸河口水域。并且在这些地区建有多处中华白海豚保护区。

中华白海豚最喜欢吃的是狮头鱼，其次是石首鱼及黄姑鱼。

海底模特

梭鱼 ∷∷∷∷∷∷

梭鱼身体细长，最大的梭鱼可以长到1.8米长，它们喜爱群集生活，以水底泥土中的有机物为食。

別　　名: 犬鱼、尖头西、
鲻鱼、乌鲻、
白眼

分布海域: 北太平洋西部，
我国产于南海、
东海、黄海和
渤海

梭鱼在开阔的温暖海域产卵。每到产卵季节，梭鱼会将卵子和精子直接释放到海水中。受精卵孵化出来的幼鱼靠浮游生物为食。梭鱼有一个长长的流线型的身体，这使它能在水中迅速游动。梭鱼有一个向前延伸的下颌，其上下颌上长着尖锐的牙齿。两个宽大的背鳍和叉形的尾巴可以给梭鱼提供足够的前进动力。梭鱼喜欢在海面上蹦蹦跳跳。它们常常跃出水面，连续不断地做跳跃动作。识别梭鱼并不困难。梭鱼眼睛周围的颜色是略带红色的黄色。因此，中国渔民分别把它们叫作"白眼""青眼""红眼"和"黄眼"。

来者不拒的饮食习惯

梭鱼的食性很广，属于以植物饲料为主的杂食性鱼

[梭鱼]

梭鱼，又称金梭鱼或梭子鱼，俗称海狼或麻雀锦，个性凶狠且具侵袭性，爱集群出动，因其较大的体型（可长达1.8米）和凶猛的性格而广为人知。

类。以刮食沉积在底泥表面的底栖硅藻和有机碎屑为主，也食一些丝状藻类、桡足类、多毛类、软体类和小型虾类等。在人工养殖条件中也喜摄食米糠、豆饼粉、花生饼粉、干水蚤及人工配合饵料等。梭鱼的摄食强度有昼夜、季节、个体之间的差异。在日周期中，昼、夜均摄食，但通常黎明前后及日落前后的摄食强度大于夜间；在生长周期中，体长 20 ~ 40 厘米的梭鱼摄食强度大；在生殖期之前，摄食强度较大，食道和胃部总是充满食物。在生殖期和产卵洄游期，则很少摄食和不摄食。从季节上看，以春来夏初和秋季为摄食的旺盛季节，到了冬天，因水温降低，梭鱼进入越冬期，此时摄食极少或停止摄食。

美味好食材

梭鱼鱼肉含有叶酸（叶酸食品）、维生素 B_2、维生素 B_{12} 等维生素（维生素食品），有滋补健胃、利水消肿、通乳、清热解毒、止嗽下气的功效，对各种水肿、浮肿、腹胀、少尿、黄疸、乳汁不通皆有效；食用鱼肉对孕妇（孕妇食品）胎动不安、妊娠性水肿有很好的疗效。

[梭鱼]

梭鱼为黄渤海常见经济食用鱼类，主要栖息在海口、河川咸淡水交汇处，食用梭鱼的最佳时期在春季，民间有"食用开凌梭，鲜得没法说"的说法。

[梭鱼]

梭鱼鱼肉含有丰富的镁元素，对心血管系统有很好的保护作用，有利于预防高血压（血压食品）、心肌梗死等心血管疾病。海水鱼和淡水鱼都含有丰富的磷，还含有磷、钙、铁等无机盐。梭鱼鱼肉还含有大量的维生素 A、维生素 D、维生素 B_1、尼克酸。这些都是人体需要的营养素。

生性好动的鱼类

宝石鱼

宝石鱼最早是由海水鱼演变而成的，所以既保持了淡水鱼的细嫩，又有着海水鱼独有的鲜美。宝石鱼的外形极为诱人，其体色银亮，体侧有多少不等黑色发亮的椭圆形斑块，宛如镶嵌在鱼体表的黑宝石，称为"宝石鱼"真是名副其实。

[宝石鱼]

宝石鱼别称宝石斑鱼，我国现存的宝石鱼种类全为海水生栖，在我国南方沿海有分布。

别　　名：宝石斑鱼
分布海域：澳大利亚浅海区，我国南方沿海

宝石鱼生性好动，它们游泳迅速，喜欢栖息在水体的中上层。在自然条件下，以小鱼、小虾为食，并喜食小蚯蚓、红线虫、面包虫等较大的活饵料。宝石鱼具有生长快、食性杂、耐低氧、适应性强和抗病能力强等优点，可在室内水泥池高密度养殖、室外池塘单养、水库网箱养殖。

宝石鱼头尾的比例小，肌肉丰厚，无肌间刺，肉白细嫩，经测定含有18种氨基酸，其中有4种香味氨基酸，故具味道鲜美的特点，而且无腥味、异味，营养及口感是鳜鱼等当今名贵鱼类也无法比拟的。

宝石鱼的肌肉中含有较高含量的蛋白质，脂肪和灰分含量也显著高于其他鱼类。宝石鱼的鱼肉和鱼油中富含不饱和脂肪酸，含有较多的 EPA 和 DHA，具有抑制血小板凝固、抗血栓、调节血脂、增强记忆力等作用。灰分含量高说明宝石鱼有含量丰富的无机物。同时，宝石鱼肌肉水分含量明显低于其他鱼类，它们的内脏比例小，说明宝石鱼的含肉率较高。

Plant Articles

2 植物篇

海洋生命动物园

藻类

藻类是原生生物界中的一类真核生物，主要为水生，无维管束，能进行光合作用。它们的体型大小各异，有小至 1 微米长的单细胞鞭毛藻，也有长达 60 米的大型褐藻。

别　　名：无

分布海域：从热带到两极，从积雪的高山到温热的泉水，从潮湿的地面到不很深的土壤内，几乎到处都有藻类分布……

藻类的分布范围极广，对环境条件要求不高，适应性较强，在只有极低的营养浓度、极微弱的光照强度和相当低的温度下也能生活。它们不仅能生长在江河、溪流、湖泊和海洋中，也能生长在短暂积水或潮湿的地方。

大多数藻类都是水生的，有产于海洋的海藻；也有生于淡水中的淡水藻。在水生的藻类中，有躯体表面积扩大（如单细胞、群体、扁平、具角或刺等），体内贮藏比重较小的物质，或生有鞭毛以适应浮游生活的浮游藻类；有体外有胶质，基部生有固着器或假根，生长在

[海带]

[石花菜]

[紫菜]

[海洋藻类]

海带是我国人们喜欢食用的海产品。它不但海味十足，而且营养丰富，含有碘等多种矿物质和维生素，能够预防和治疗甲状腺肿大（俗称大脖子）病。具有食用和药用价值的海藻还有我国人们十分熟悉的紫菜、裙带菜、石花菜等。

水底基质上的底栖藻类；也有生长在冰川雪地上的冰雪藻类；还有在水温高达 80℃ 以上温泉里生活的温泉藻类。

藻体不完全浸没在水中的藻类也很多，其中有些是藻体的一部分或全部直接暴露在大气中的气生藻类；也有些是生长在土壤表面或土表以下的土壤藻类。就藻类

与其他生物生长的关系来说，有附着在动植物体
表生活的附生藻类；也有生长在动物或植物体内
的内生藻类；还有和其他生物共生的共生藻类。
总之，藻类的生活习性是多种多样的，对环境的
适应性也很强，几乎到处都有藻类的存在。

形态各异的藻类植物

一般将藻类植物分为浮游藻类、漂浮藻类和
底栖藻类。有的藻类，如硅藻门、甲藻门和绿藻
门的单细胞种类以及蓝藻门的一些丝状的种类浮
游生长在海洋、江河、湖泊，称为浮游藻类。

有的藻类如马尾藻类漂浮生长在海上，称为
漂浮藻类。有的藻类则固着生长在一定基质上，
称为底栖藻类，如蓝藻门、红藻门、褐藻门、绿
藻门的多数种类生长在海岸带上，这些底栖藻类
在一些地方形成了带状分布。

一般来说，在潮间带上部生活的为蓝藻及绿
藻，中部为褐藻，而下部则为红藻。但中国海岸
带海域和亚热带海域的冬春两季，高潮带、低潮
带以及中潮带的藻类各不相同。潮间带还有许多
石沼，为藻类的生长提供了良好的条件。

还有两种特殊的生态环境适宜若干藻类群落
的生长，如亚热带和热带的红树林，常有卷枝藻、
链藻、鹧鸪菜在气根上及树干基部上生长，热带
海洋的珊瑚礁常有大量的仙掌藻属植物。

不可轻视的经济价值

藻类有广泛的商业用途。藻类制品包括由70
多种红藻制成的琼脂糖类（如琼脂）。琼脂用于
鱼罐头制造、烹制鱼的包装、织物上浆及胶片和
高级黏合剂的制造，又可用于汤、调味汁、果冻、
糕饼、糖霜等中。由角叉菜制成的角叉菜胶，用

> 海洋植物是海洋世界的"肥沃草
原"，它不仅是海洋鱼、虾、蟹、贝、
海兽等动物的天然"牧场"，而且是人
类的绿色食品，也是用途宽广的工业原
料、农业肥料的提供者，还是制造海洋
药物的重要原料。

[狐尾藻]

[海洋藻类]

我国食用海藻和以海藻入药的历史非常久远。历史
上英国海员有用红藻预防和治疗坏血病的记录；爱
尔兰历史上也有过依赖红藻、绿藻度过饥荒年的记
载。一位西方国家的海洋学家曾发出感叹：中国人
食用海藻就像美国人、英国人吃番茄一样普遍。他
希望有一天，西方人也像东方人那样养成食用海藻
的习惯。

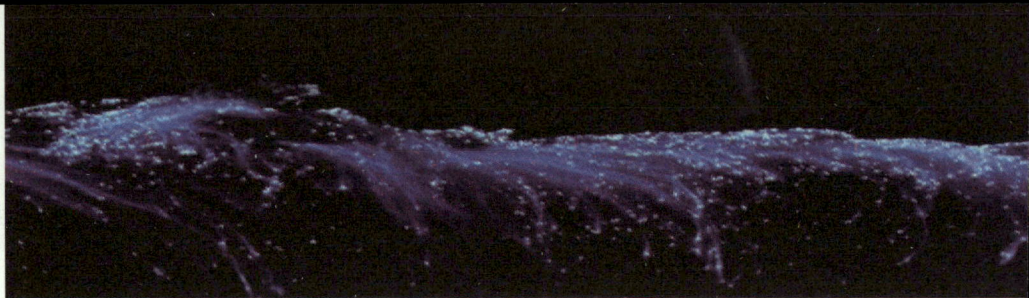

[多边舌甲藻]

世界上最神奇的藻类奇观可能是在美国加州南部海岸，在那里冲浪的时候偶尔会看到壮观的发光海浪。那是叫多边舌甲藻的浮游生物体在发光，它们在遇到危险的时候会发出蓝色氖光，猛冲直撞时看起来就像是海浪在发光，是值得观看的壮观景象。偶尔冲浪者甚至会在冲浪的时候，在波光粼粼的海面上等待着看它们在发光海浪下漂浮。

海滨城市青岛每年都要爆发大量的绿藻潮。2013 年 7 月爆发了中国历史上最大规模的绿藻潮，厚厚的绿藻变成了明亮的绿色草坪沙滩。据报道，藻类覆盖面积为 1 1158 平方米，超出先前纪录的两倍。

尽管当地居民认为它们是一道景观，但是这些海藻可能是不平衡的生态系统的一个标志。

几个世纪以来，水手从海上返回的时候都会谈到奇怪的事——发光的海洋，这种现象被称为"银海效应"，在传说中是非常阴森恐怖的，甚至在儒勒·凡尔纳的《海底两万里》里都提到过。

据报道，大片海藻白天积聚在海里，夜间则发出阴森恐怖的光。光不来自月亮或其他星星，而是来自大海本身。

直到 1995 年，一艘商船决定调查这个现象。在采集水样后，研究人员得出结论，海洋发光可能是由于微生物发光体引起的，覆盖面积达数千平方千米。

途与琼脂相同，又包括钠、钾、钙盐。藻酸是褐藻的组分，可制成能像丝一样纺成线的碱金属盐。

在池塘鱼类养殖中一般根据水色判断水质，而水色是由藻类的优势种及其繁殖程度决定的。如血红眼虫藻占优势种时表现为红色水华，说明水质贫瘦；衣藻占优势时呈墨绿色水华且有黏性水泡，表示水质肥沃；微囊藻与颤藻、鱼腥藻占优势时池水呈铜锈色纱絮状水华，味臭有害于鱼；蓝裸甲藻占优势时形成的蓝色水华是养殖鲢、鳙、鲤、鲫、非鲫高产鱼池的典型水质之一，但繁殖过盛也会使水质恶化，造成鱼类泛池。此外，扁藻、杜氏藻、小球藻等单细胞藻类蛋白质含量较高，是贝类、虾类和海参类养殖的重要天然饵料。

固氮蓝藻是地球上提供化合氮的重要生物，也是可利用的重要生物氮肥资源。

藻类在工业上的用途主要是提供各种藻胶。褐藻门的海带、昆布等除供食用外，还可作为提取碘、甘露醇及褐藻胶的原料。巨藻、泡叶藻及其他马尾藻也可作为提取褐藻胶的原料。

褐藻胶在食品、造纸、化工、纺织工业上用途广泛。从石花菜、江蓠、仙菜等中可提取琼胶，用作医药、化学工业的原料和微生物学研究的培养剂。从红藻门的角叉藻、麒麟菜、杉藻、沙菜、银杏藻、叉枝藻、蜈蚣藻、海萝和伊谷草等藻类中，可提取在食品工业上有广泛用途的卡拉胶。

随着人们对藻类认识的日益深入，利用的范围也不断扩大，从现在初步的研究成果来看，可以预料，藻类在解决人类目前普遍存在的粮食缺乏、能源危机和环境污染等问题中将发挥重要作用。

最简单的生物

蓝藻

蓝藻是原核生物，又叫蓝绿藻、蓝细菌；大多数蓝藻的细胞壁外面有胶质衣，又叫粘藻。在藻类生物中，蓝藻是最简单、最原始的单细胞生物，没有细胞核，细胞中央有核物质。

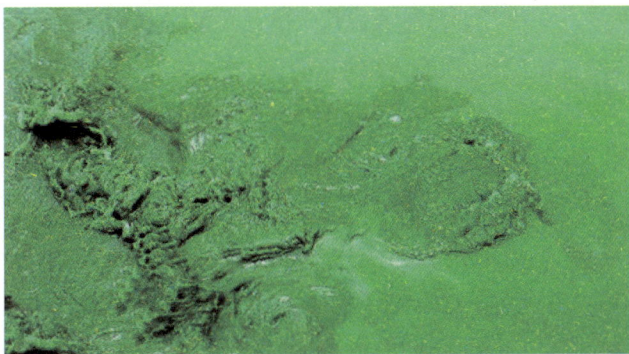

[蓝藻]

在一些营养丰富的水体中，蓝藻由于难以消化，所以很多鱼类不吃。有些蓝藻常于夏季大量繁殖，并在水面形成一层蓝绿色而有恶臭味的浮沫，称为"水华"，大规模的蓝藻爆发，被称为"绿潮"（和海洋发生的赤潮对应）。绿潮会引起水质恶化，严重时耗尽水中氧气而造成鱼类的死亡。

蓝藻不具叶绿体、线粒体、高尔基体、内质网和液泡等细胞器，含叶绿素 d，无叶绿素 b，含数种叶黄素和胡萝卜素，还含有藻胆素，是藻红素、藻蓝素和别藻蓝素的总称。同样，也有少数种类含有较多的藻红素，藻体多呈红色，如生于红海中的一种蓝藻，名叫红海束毛藻，由于它含的藻红素量多，藻体呈红色，而且繁殖得也快，故使海水也呈红色，红海便由此而得名。蓝藻虽无叶绿体，但在电镜下可见细胞质中有很多光合片层，叫类囊体，各种光合色素均附于其上。

别　　名：蓝绿藻、蓝细菌、粘藻
分布海域：分布十分广泛，遍及世界各地

蓝藻是最早的光合放氧生物，对地球表面从无氧的大气环境变为有氧环境起了巨大的作用。有不少蓝藻可以直接固定大气中的氮（其原因是含有固氮酶，可直接进行生物固氮），以提高土壤肥力，使作物增产。还有的蓝藻是营养丰富的食物，如著名的发菜和普通念珠藻（地木耳）、螺旋藻等。

海洋生物的胎盘

海草

海草是指生长于温带、热带近海水下的单子叶高等植物，是一类生活在温带海域沿岸浅水中的单子叶草本植物。

别　名：无

分布海域：热带和温带的海岸附近的浅海

[海草]

海草像陆上的植物一样，没有阳光就不能生存。在它的生命过程中，从海水中吸收养料，在太阳光的照射下，通过光合作用合成有机物质（糖、淀粉等），以满足海洋植物生活的需要。光合作用必须有阳光。阳光只能透入海水表层，这使海草仅能生活在浅海中或大洋的表层，大的海草只能生活在海边及水深几十米以内的海底。

海洋里的植物都称为海草，有的海草很小，要用显微镜放大几十倍、几百倍才能看见。它们由单细胞或一串细胞所构成，长着不同颜色的枝叶，靠着枝叶在水中漂浮。单细胞海草的生长和繁殖速度很快，一天能增加许多倍。虽然它们不断地被各种鱼虾吞食，但数量仍然很庞大。

海草根系发达，有利于抵御风浪对近岸底质的侵蚀，对海洋底栖生物具有保护作用。同时，通过光合作用，它们能吸收二氧化碳，释放氧气，溶于水体，对溶解氧起到补充作用，可以改善渔业环境。海草常在沿海潮下带形成广大的海草场，海草场是高生产力区。这里的腐殖质特别多，是幼虾、稚鱼良好的生长场所，同时也有利于海鸟的栖息。它能为鱼、虾、蟹等海洋生物提供良好的栖息地和隐蔽保护场所，海草床中生活着丰富的浮游生物，个别种类海草还是濒危保护动物儒艮的食物。海草场保护生物群落的作用不可忽视。

[红树林]

海岸守护神

红树林

红树林指生长在热带、亚热带低能海岸潮间带上部，受周期性潮水浸淹，以红树植物为主体的常绿灌木或乔木组成的潮滩湿地木本生物群落。组成的物种包括草本、藤本红树。它生长于陆地与海洋交界带的滩涂浅滩，是陆地向海洋过渡的特殊生态系统。

1986 年我国广西沿海发生了近百年未遇的特大风暴潮，合浦县 398 千米长的海堤被海浪冲垮 294 千米，而凡是堤外分布有红树林的地方，海堤就不易被冲垮，经济损失就小。

2004 年 12 月 26 日印度洋海啸中红树林的优异表现，让红树林"海岸卫士"的盛名在全球远播：海啸袭向周边 12 个国家和地区，死亡 23 万人，而印度泰米尔纳德邦的瑟纳尔索普渔村，距离海岸仅几十米远的 172 户家庭却幸运地躲过了海啸的袭击，原因是这里的海岸上生长着一片茂密的红树林。

别　　名：无
分布海域：热带、亚热
　　　　　带海湾、河
　　　　　口泥滩

[红树林]

红树林为人们带来大量日常保健自然产品，如木榄和海莲类的果皮可用来止血和制作调味品，它的根能够榨汁，是生产亚洲女性经常使用的贵重香料的原料。在印度，木榄和海莲类的叶常用于控制血压。斐济的岛民利用海漆类的红树林树叶放入牙齿的齿洞中以减轻牙疼。据说红树林的果汁擦在身体上可以减轻风湿病的疼痛。在哥伦比亚的太平洋海岸的人们浸泡大红树的树皮，制成漱口剂来治疗咽喉疼。在印度尼西亚和泰国，用红树林的果实榨的油，用于点油灯，还能驱蚊和治疗昆虫叮咬、痢疾和发烧。

防止海浪冲击的秘诀

由于海水环境条件特殊，红树林植物具有一系列特殊的生态和生理特征。为了防止海浪冲击，红树林植物的主干一般不无限增长，而是从枝干上长出多数支持根，扎入泥滩里以保持植株的稳定。与此同时，从根部长出许多指状的气生根露出于海滩地面，在退潮时甚至潮水淹没时用以通气，故称呼吸根。

胎萌是红树林的另一适应现象：果实成熟后留在母树上，并迅速长出长达 20 ～ 30 厘米的胚根，然后由母体脱落，插入泥滩里，扎根并长成新个体。不具胚根的种类则有一种潜在的胎萌现象，如白骨壤和桐花树的胚，在果实成熟后发育成幼苗的雏形，一旦脱离母树，能迅速发芽生根。

在生理方面，红树植物的细胞内渗透压很高。这有利于红树植物从海水中吸收水分。细胞内渗透压的大小与环境的变化有密切的关系，同一种红树植物，细胞内渗透压随生存环境不同而异。另一生理适应是泌盐现象。某些种类在叶肉内有泌盐细胞，能把叶内的含盐水液排

红树林以凋落物的方式，通过食物链转换，为海洋动物提供良好的生长发育环境，同时，由于红树林区内潮沟发达，吸引深水区的动物来到红树林区内觅食栖息，生产繁殖。由于红树林生长于亚热带和温带，并拥有丰富的鸟类食物资源，所以红树林区是候鸟的越冬场和迁徙中转站，更是各种海鸟的觅食栖息、生产繁殖的场所。

出叶面，干燥后现出白色的盐晶体。泌盐现象常见于薄叶片的种类，如桐花树、白骨壤及老鼠簕（lèi）等。不泌盐的种类则往往具有肉质的厚叶片作为对盐水的适应。同一种红树植物生长在海潮深处的叶片常较厚，生长于高潮线外陆地上的叶片常较薄。

忠于职守的海岸卫士

红树林另一重要生态效益是它的防风消浪、促淤保滩、固岸护堤、净化海水和空气的功能。它们盘根错节的发达根系能有效地滞留陆地来沙，减少近岸海域的含沙量；茂密高大的枝体宛如一道道绿色长城，可以有效抵御风浪袭击。

在我国沿岸防护林体系中，消浪林带是构筑防护林体系的第一道海岸防线。消浪林带树种要求具有较强的耐盐碱、耐水泡、耐海水间歇性冲刷和抗风固土能力，这需要根系发达、枝干富有韧性的林木，红树林自然成为理想的选择。但可惜红树林只能分布在热带或亚热带海湾、河口泥滩上，在我国浙江沿海以北，只能另寻其他树种。

海洋的草原

硅藻 ∷∷∷

硅藻是一类具有色素体的单细胞植物，常由几个或很多细胞个体连结成各式各样的群体，其形态多种多样。

从海洋到湖泊，从热带暗礁到北极浮冰，硅藻家族遍布全世界。科学家认为，硅藻是种类最丰富的真核生物，可能多达20万种。别看它个子小，却有着神奇的力量。

硅藻是一种体积非常微小的单细胞浮游植物。10个硅藻排排坐，还能塞进一个针尖里。硅藻的营养丰富，容易消化，浮游动物、小鱼、小虾和贝类都以其作为主食，因此硅藻等浮游生物的多寡决定着鱼类的产量。在我国，每年春天，对虾和许多鱼类都到渤海、黄河口一带产卵，就是因为这里风平浪静，水温适宜，硅藻非常丰富。

硅藻死后，它们坚固多孔的外壳——细胞壁也不会分解，而会沉于水底，经过亿万年的积累和地质变迁成为硅藻土。硅藻土可被开采，在工业上用途很广，可制造工业用的过滤剂、隔热及隔音材料等。我国山东山旺地区就出产大量的硅藻土。游泳池的主人常将老化的硅藻壳拿来过滤水里的污染物质。诺贝尔发现将不稳定的硝化甘油放入硅藻所产生的硅土可以稳定地成为可携带的炸药。

別　　名：无
分布海域：在世界大洋中，只要有水的地方，一般都有硅藻的踪迹，尤其是在温带和热带海区

海洋环境如果受到富营养污染或其他因素影响，常使某些硅藻如骨条藻、菱形藻、盒形藻、角毛藻、根管藻、海链藻等繁殖过盛，形成赤潮，使水质恶劣，对渔业及其他水产动物带来严重危害。

有些硅藻（如根管藻）繁殖太盛并密集在一起，会阻碍或改变鲱鱼的洄游路线，降低渔获量。

Coral Articles

3 | 珊瑚篇

鹿角珊瑚

鹿角珊瑚的名称源自这个属的珊瑚都有如鹿角般的分支状生长形态，主要包含栅列鹿角珊瑚、松枝鹿角珊瑚、粗野鹿角珊瑚等品种。

别　　名：无

分布海域：太平洋和印度洋，
　　　　　包括红海、波斯湾、
　　　　　印度洋、日本海、
　　　　　我国东海和南海

[鹿角珊瑚]

世界上最美的珊瑚是"鹿角珊瑚"，它是造礁石珊瑚中种类最多、数量最庞大的一类，其能够抵御海浪的冲击，也是很多海洋生物的最佳生存空间，鹿角珊瑚为海洋生物多样性做出了莫大的贡献。

鹿角珊瑚为大型个体、珊瑚骼灌木状，分枝距离大，群体长达 2～5 厘米，直径为 5～20 毫米，它的顶端小枝细长而渐尖，分枝中部和基部的辐射珊瑚形体较稀，是重要的造礁石珊瑚。

该物种与虫黄藻是共生关系，通过光合作用补充自身70%的营养，在夜间珊瑚虫会捕食浮游生物。

鹿角珊瑚理想的生活环境是金属卤素灯提供强光照，在强光照下会茁壮生长。在适宜的条件下，鹿角珊瑚的生长通常会比其他珊瑚快。为了使其充分生长，势必要保持高的 pH 值、盐度和钙的含量；降低磷酸盐和硝酸盐的含量，使其尽可能接近零。如果条件适宜，会在掉下来的活的碎片上生长出新的个体。

除了足够的光照和良好的水质外，鹿角珊瑚还喜欢强的、间歇的水流。在人工饲养时，在水族箱中最好安置造浪器和多个水泵。它们大部分的营养来自光合作用，但最好补充一些浮游生物及绿藻。

拥有极强的再生能力

飞盘珊瑚

飞盘珊瑚喜欢居住在珊瑚礁中有碎屑堆积的洼地上，属于群居性生物。

[飞盘珊瑚]

飞盘珊瑚作为一种美丽、活跃的珊瑚，总是能够给珊瑚礁岩缸增添一抹绚丽的颜色和动感。飞盘珊瑚对水质的变动特别敏感，因此在饲养时一定要注意水质的稳定，不能突变。除此之外，长须飞盘珊瑚对于缸内水流和光照的要求也比较严格，需要提供给它弱光、弱水流。因此，建议将其放置于整缸中部靠下，或者是在缸底、底砂上均可。这里水流一般较缓，光照强度较弱，适合其生长。

别　　名：无
分布海域：印度洋、太平
　　　　　洋海域

　　飞盘珊瑚采取无性生殖方式，当它们受到外力切割或斩挖时，其每片碎块都会再生出幼体，再生能力极强。

　　短须飞盘珊瑚是飞盘珊瑚的一种，其飞盘表面骨骼像小山一样隆起且须较短小，故得名。短须飞盘珊瑚颜色多样，有紫色、绿色、黄色等，由共生藻决定，其颜色也会根据生存环境光照和水质的变化产生差异。短须飞盘珊瑚虽然须较短，但是它的刺细胞却比长须飞盘珊瑚发达得多，并且有相当大的毒性。

　　长须飞盘珊瑚整体呈圆形，与短须飞盘珊瑚不同，其骨骼较为平整，但在其体盘上也均匀分布着隔片。长须飞盘珊瑚喜欢在海洋珊瑚礁碎屑堆积的洼地中生存，不太喜欢光照。

　　同其他软体珊瑚一样，由于生物体内共生藻的存在，长须飞盘珊瑚颜色也偏多，有紫色、白色、绿色等。其状态特别好的时候，看起来和海葵相似。

爱好阳光的珊瑚

榔头珊瑚

榔头珊瑚属于珊瑚软体类，珊瑚体由波纹形的板叶构成。

榔头珊瑚是最常见的珊瑚品种，在颜色上有白色、棕色、绿色，而触手端也会呈不同颜色或荧光色泽。榔头珊瑚常见的约有两种，除了有一种基石长成像山脉状的外，还有一种呈枝状成长的。

无论白天或夜晚，其颜色有褐色、绿色及棕色，在化学灯的照耀下每条触须顶部呈绿色或黄色。一些榔头珊瑚看起来很像火炬花。大榔头珊瑚生活在珊瑚礁邻近的沙地海域，捕食浮游生物，以及与共生藻共生。

在有充足的光线和水流中，榔头珊瑚不难饲养，也可以额外地提供一些小虾肉或浮游生物供其摄食。榔头珊瑚的攻击性较高，而且白天或夜晚都会盛开，而其触手往往都伸得很长，所以在摆放位置时一定要预留足够大的空间，以免临近珊瑚或其他生物遭殃。

榔头珊瑚属于喜光珊瑚，饲养的水族箱中最好使用强光照射，在光线合理的水族箱中饲养 2 ~ 3 个月后，榔头珊瑚就可以变化成深绿色或咖啡色，这是珊瑚体内共生藻类族群生长强弱势的巧妙变化造成的，而在光线不足的水族箱中是看不到的。

别　　名：无
分布海域：主要分布在我国台湾、菲律宾、澳洲、琉球群岛

[榔头珊瑚]

榔头珊瑚属于中等饲养难度，需要放入良好的水质中，要有中等的光照及水流。晚上，它的触须会伸展，达到 6 厘米长，需要与其他珊瑚保持足够的距离。为了保持其健康生长，水中需要添加钙、锶等微量元素。如果每星期追加一些小型浮游生物或海虾将会更好。

[万花筒珊瑚]

万花筒珊瑚喜欢栖息在干枯的珊瑚礁底床，而且大多产于严重污染的自然海域内。

色彩斑斓

万花筒珊瑚

万花筒珊瑚喜欢栖息在干枯的珊瑚礁底床上，而且大多产于严重污染的自然海域内。

别　　名：圆帽珊瑚
分布海域：分布自大堡礁
　　　　　至夏威夷的珊
　　　　　瑚礁海域

万花筒珊瑚呈多角形，壁多孔，透水性良好，边缘呈齿突，有许多不同的外观形态，一片香菇状就是一个珊瑚虫个体，香菇状上的纤毛张开后，也会呈各种不同的形态。它们常生长在珊瑚礁的底部或水质混浊的海域，触手在白天伸展开，呈暗褐色。

万花筒珊瑚的躯体可达 5 ～ 10 厘米长，整日都十分活跃，每个长管形的珊瑚虫上有24条触手伸展摇曳，好似花朵开放般迷人，其颜色大都为褐色、灰色、绿色及蓝色。触手中央有锥形的突起，通常是白色，至于珊瑚虫的骨骼则呈圆形或多角形。

万花筒珊瑚适合强光的环境，以水中的浮游生物为食。可喂年虾、锶、钼、碘添加剂、海水微量元素、礁岩浓缩钙粉。

酷似人脑的珊瑚

脑珊瑚 ⋮⋮

脑珊瑚的群体骨骼与共肉部分相连，呈现如人脑般的纹路，因此得名。脑珊瑚的纹路和颜色多姿多彩，有红色、褐色、绿色、橘红色等，而脑珊瑚表面有的像是地毯密布，有的像起伏不平的疙瘩状。

专业人士根据脑珊瑚不同的共肉色彩和形体，将其分为水晶脑珊瑚、小花脑珊瑚、八字脑珊瑚、扁脑珊瑚、玫瑰形脑珊瑚、蜂巢形脑珊瑚、弹坑形脑珊瑚、巴厘脑珊瑚等。脑珊瑚的纹路和颜色多姿多彩，有红色、褐色、绿色、橘红色等，而脑珊瑚表面有的像是地毯密布，有的像起伏不平的疙瘩状。

水晶脑珊瑚的外形接近圆形，是属于单独的珊瑚体，据资料显示它是目前发现的最大的水螅体。

水晶脑珊瑚

别　　名：无

分布海域：印度洋

⋮

小花脑珊瑚主要产于汤加。小花脑珊瑚的整体纹路表现为辐射状，而顶端是由蜂窝状构成，形态多姿。其颜色较其他脑珊瑚艳丽，有红色、水蓝色、橘色等，如果和其他珊瑚搭配饲养，定会让珊瑚缸增加很多亮色。

小花脑珊瑚

八字脑珊瑚形状像数字"8"，整体呈椭圆形，有圆锥形的底盘，其颜色有黄色、红色、绿色、蓝色和棕色。

八字脑珊瑚

[脑珊瑚]

性感的胡须

尼罗河珊瑚

尼罗河珊瑚白天伸展，会伸出大量的触须。在有效光照下，会充分展示其绚丽的色彩，其顶部还带有紫色的触须。

别　名：无
分布海域：太平洋西部、中部

尼罗河珊瑚在水族爱好者中属于比较流行的一种珊瑚。尼罗河珊瑚也是专业海水鱼缸造景中一个不错的选择。水族爱好者养的通常是金色带有粉色或者是紫色的水螅体，放在海缸中非常耀眼夺目。别让它柔软丰满的外表欺骗了你，尼罗河珊瑚可用它的触须捕食小虾或其他小生物。

尼罗河珊瑚太过美貌，被许多水族爱好者所喜爱，对新手来说饲养难度偏中等。

[尼罗河珊瑚]

当把它放置于缸中时，因为它的质地比较脆，触须可能会扎到手。尼罗河珊瑚需要中等光照和水流，这一点跟气泡珊瑚类似，还需要定期追加一些微量元素，如钙、锶等。尼罗河珊瑚需要每周追加一些食物，如浮游动物或者海虾。

在饲养时，尼罗河珊瑚的位置要注意跟其他珊瑚保持一定的距离，因为它的触须能够伸展比平常长一倍的距离，会蜇刺其他珊瑚；尼罗河珊瑚不太喜欢被放到岩石上。

会走路的珊瑚

波莫特蕈珊瑚

波莫特蕈（xùn）珊瑚通常由一个珊瑚虫构成，其外形有圆形和椭圆形两种，群体则呈表覆形，其珊瑚体没有固着性，成虫的波莫特蕈珊瑚会在海底慢慢地移动，因此有"会走路的珊瑚"之名。

波莫特蕈珊瑚珊瑚幼时若被反置于海底，它会利用珊瑚虫的胀缩慢慢翻转过来，而且能以分布于四周的触手做很有效率的移动。它的每个虫体与海葵相似，其基盘部分与体壁的外胚层细胞能分泌石灰质，积存在虫体的底面、侧面及隔膜间等处，好像每个虫体都坐在一个石灰座上，称为珊瑚座。

波莫特蕈珊瑚的珊瑚骼固实，一般生长在平坦海域的环礁表面，尤其是水深 10 米以内、水流较强的海域，滤食浮游性生物。

波莫特蕈珊瑚一般生活在较清洁的海水中，如果过多的陆源物质污染海水，便会抑制它们取食、呼吸等正常生理作用的进行，就是说它们要求生活在标准盐度范围的海水中，即每升海水含 35 克的盐，而受污染的海水内的陆源物质会降低海水的盐度。

別　　名：蘑菇珊瑚

分布海域：生活于温带和亚热带，在浅海、深海，以及各种基质的海底

[波莫特蕈珊瑚]

波莫特蕈珊瑚属石芝珊瑚科，为滤食浮游性生物。

其貌不扬的造礁珊瑚

火珊瑚

火珊瑚长得其貌不扬，甚至可以说长得有点"寒碜"，透过清澈的浅水层，可以看到火珊瑚并不十分优美的"身材"和并不鲜艳的色彩。它们的水螅虫很小，而且近似透明，像一层纤细的毛发，肉眼几乎看不出任何水螅虫的痕迹。

别　名：刺珊瑚，两叉千孔珊瑚

分布海域：热带、亚热带透明度高的浅海水域

火珊瑚，又名刺珊瑚，俗称两叉千孔珊瑚，含有毒性强烈的刺丝胞。如果碰到火珊瑚，皮肤会立即产生灼烧感，同时会长疹子，并导致淋巴腺肿大。它们通常分布在浅海，形态并不突出，色彩也很平淡，却是很重要的造礁珊瑚。

大多数火珊瑚的骨骼都十分脆弱，枝桠很容易被风暴引发的海流冲断，或被在水下活动的生物撞断。很多

潜水者也会在休闲或抓捕观赏鱼时不经意间损伤火珊瑚。火珊瑚软体内共生一种微小的藻类——虫黄藻或叫动物黄藻，这种藻同样需要阳光进行光合作用，虫黄藻与火珊瑚互惠互利，前者向后者提供光合作用的产物——氧和碳水化合物，加速火珊瑚的生长；火珊瑚代谢的二氧化碳和排泄物中的氮、磷等，又为虫黄藻提供了必要的营养物。

若这种共生链遭到破坏，二者将无法生存下去。珊瑚礁中有些鱼类如鹦嘴鱼、隆头鱼等，上下颌的牙齿愈合成板状，像钳子一样厉害，专门啃食活的珊瑚，显然是珊瑚的冤家。对珊瑚危害更大的是海星，大量繁殖后的海星能像农田的蝗虫一样，成群结队袭击珊瑚礁。如长棘海星爱吃珊瑚，尤其嗜吃造礁珊瑚，它们也像其他海星一样，把胃翻出来盖在珊瑚上面，向可食的部分分泌消化酶，消化后溶解的部分就被胃吸收，使珊瑚死亡。

[火珊瑚]

与全球海洋范围内分布的大多数珊瑚一样，火珊瑚也面临着诸多的威胁。这些威胁主要是因为缺乏陆地污染物排放管理，导致过多的沉积物、营养物和污染物流入海洋，给脆弱的珊瑚生态系统带去了巨大的压力。

在巴西，由于人们大量抓捕黄尾蓝魔鱼，而使它们的藏身之地火珊瑚族群受损非常严重。